말죽거리

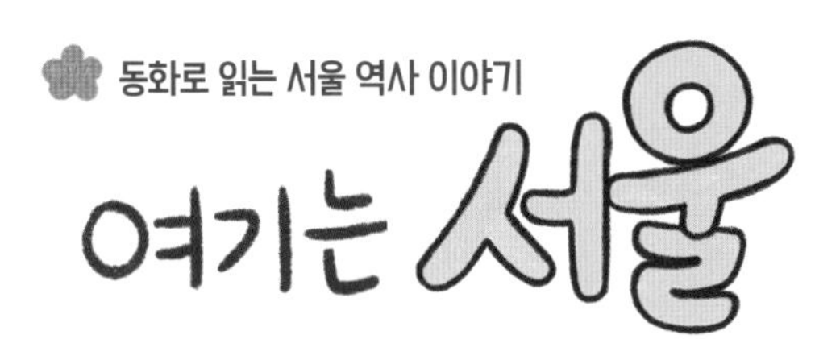
동화로 읽는 서울 역사 이야기
여기는 서울

* 〈서울특별시 시사편찬위원회〉에서 펴낸 책들을 참고했습니다.

동화로 읽는 서울 역사 이야기
여기는 서울

김원석 글 | 갈맹이 그림
초판 1쇄 발행일 2024년 11월 10일
펴낸이 박봉서 펴낸곳 (주)크레용하우스 출판등록 제1998-000024호
편집 이민정·최은지 디자인 김금순 마케팅 한승훈·신빛나라
주소 서울 광진구 천호대로 709-9 전화 (02)3436-1711 팩스 (02)3436-1410
인스타그램 @crayonhouse.book 이메일 crayon@crayonhouse.co.kr

ISBN 979-11-7121-145-6 74980

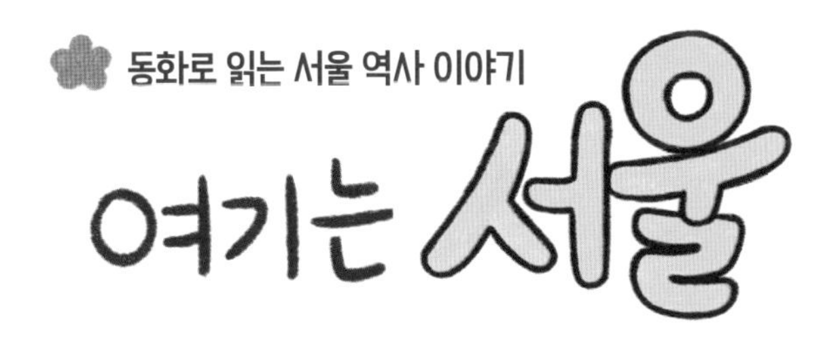

김원석 글 갈맹이 그림

크레용하우스

■ 작가의 말

전통문화와 옛이야기

우리나라처럼 많은 옛이야기를 가진 나라가 또 있을까요? 바위에도, 산에도, 마을에도, 강에도 옛이야기가 숨어 있습니다. 이런 이야기는 재미로만 끝나지 않습니다.

이야기 속에는 번득이는 조상의 지혜와 슬기가, 배꼽 빠지는 웃음과 삶의 흔적이 담겨 있습니다. 귀신과 이야기하고 도깨비와 씨름하는 등 셀 수 없을 만큼 재미난 이야기가 우리 문화에 고스란히 남아 있지요.

우리는 이러한 이야기와 호흡을 같이하며 살아가면서 오래도록 이어져 오는 전통문화와도 삶을 같이하고 있습니다.

오늘날 한국의 전통문화와 대중문화는 세계 곳곳에서 꽃을 피우고 있습니다. 이는 신화나 전설, 설화 등 옛날이야기에서 원석을 캐내어 다듬은 것이라고 말할 수 있습니다,

잘 알다시피 K-pop이 전 세계적으로 인기를 얻고 방탄소년단, 블랙핑크 등의 그룹 또한 많은 인기를 누리고 있습니다. 우리의 전통문화가 뒷받침해 주었기 때문이 아닐까요?

이제 『여기는 서울』을 통해 이 땅의 어린이가 한류의 중요한 부분인 한국의 전통문화를 세계 곳곳에 씨 뿌릴 수 있었으면 합니다.

2024년 자근방에서 김원석

옛이야기는 대중문화의 꽃

벌써 20년쯤 되는군요. 서울특별시에서 어린이 신문「내 친구 서울」을 발행할 때입니다. 편집 위원으로 아동문학가 김원석 선생님과 함께한 일이 있습니다. 여러 초등학교 선생님을 모시고 서울시청 홍보과 직원과 함께하여, 발행 부수가 최고였던 어린이 신문「내 친구 서울」을 펴냈습니다.

그때 우리 어린이들이 서울에 살면서도 서울을 너무도 모른다는 것을 알고 서울을 어떻게 알릴까 생각하다가, 먼저 서울에 관한 지명(地名)에 얽힌 재미있는 이야기를 통해 우리가 사는 서울을 좀 더 알려 주고자 의견을 모았습니다. 김원석 선생님이 '서울 이야기'를 맡아 쓰게 되었지요. 어린이들에게 좀 더 자세히 서울을 알리겠다는 그 결실이 이제야 이루어짐을 축하드립니다.

'마음을 문자로 나타내면 시가 되고, 색깔로 나타내면 그림이 되고, 멜로디로 나타내면 음악이 된다.'고 합니다. 우리 전통 이야기 속에서 마음이 자라 우리나라의 문화가 세계 여러 나라에서 피어나는 데 이 책이 밑거름이 되었으면 합니다.

2024년 빛 좋은 가을 한낮에

김선순(서울특별시 여성가족부 실장)

차 례

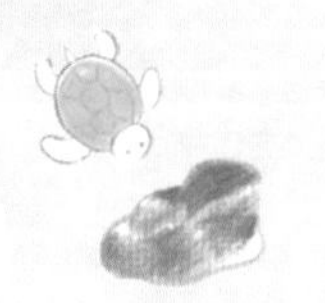

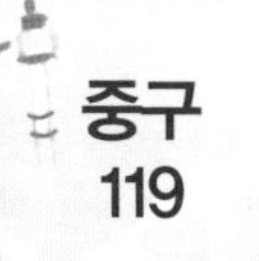

인물 소개

할아버지

제나

제이

서울

서울은 우리나라의 수도이자 정치, 경제, 문화의 중심지예요. 그래서 특별시라고 부르지요. 한반도의 중앙에 있으며 남북을 가로질러 한강이 흐르고 있답니다. 조선 시대부터 수도로서 600년 이상의 역사를 지닌 도시로, 조선 시대의 문화유산과 현대적인 고층 건물이 조화롭게 어우러져 독특한 매력을 자아 내지요.

제나 제이야, 우리가 사는 서울에 대해 아니? 서울에 살면서 서울이 왜 서울인지, 또 서울이 어떤 곳인지 알아야 서울 사람이라고 할 수 있지.

서울은 대한민국의 수도 아니에요?

그렇지, 내 손주 똑똑하네. 그럼 이 할아버지가 서울에 대한 얘기를 좀 해 줄까? 조선을 세우고 도읍을 정할 때의 이야기란다.

할아버지, 도읍이 뭐예요?

나라의 수도를 예전에는 도읍이라고 불렀지.

서울이라는 지명의 유래

태조의 명에 따라 무학 대사는 조선의 도읍을 어디에 정할까 하는 생각에 잠겨 터벅터벅 걷고 있었어. 그때 넓게 펼쳐진 밭에서 노인이 소를 몰고 있었지. 소가 힘이 드는지 "킁킁" 콧바람을 냈어.

무학 대사는 고려 말에서 조선 초에 활동한 승려이자 풍수지리에 능통했던 인물이에요. 무학 대사는 조선을 세운 태조 이성계와 깊은 인연을 맺고 조선 건국에 큰 역할을 한 것으로 알려져 있어요. 무학 대사와 관련한 설화들이 많이 남아 있지요.

그런데 노인이 소에게 이렇게 말하는 거야.

"이놈의 소는 미련하기가 꼭 무학 같구나. 왜 곧은길을 두고 돌아서 가느냐?"

무학 대사는 깜짝 놀랐어. 그래서 노인에게 다가가 물었지.

"그건 무슨 뜻으로 하는 말씀입니까?"

"요즘 무학 대사가 새 도읍지를 찾아다니는 모양인데 좋은 곳은 놔두고 엉뚱한 곳만 찾아다니니 어찌 미련하지 않겠소."

무학 대사는 노인이 보통 노인이 아니라는 생각이 들어 공손히 물었어.

"좋은 도읍지가 있다면 가르쳐 주시겠소?"

"여기서 십 리쯤 가면 스님이 찾는 좋은 터가 있을 거요."

노인이 무학 대사에게 말했지.

무학 대사는 노인이 가르쳐 준 대로 서북쪽을 향해 십 리쯤 걸었어. 지금의 경복궁 근처였단다. 삼각산, 인왕산, 남산 등 사방이 산으로 둘러싸인 아늑한 터를 보자 이곳이 최고의 도읍지라는 생각이 들었지.

도읍지를 정하고 성곽을 쌓으려는데 무학 대사와 정도전의 의견이 부딪쳤어.

무학 대사는 선바위가 있는 인수봉을 도성 안에 두려 했고, 정도전은 성 밖에 두려 했기 때문이야. 선바위는 마치 장삼을 입고 있는 스님처럼 보여서 참선한다는 '선(禪)' 자를 써서 선바위라고 불렀어. 불교를 따르던 무학 대사와 유교를 따르던 정도전은 선바위를 도성 안에 들이면 불교가 흥하고 성 밖에 두면 유교가 흥할 거라고 생각했던 거야.

정도전은 고려 말에서 조선 초의 뛰어난 정치가이자 사상가예요. 이성계와 함께 조선의 건국을 이끌었으며 새로운 나라의 기틀을 마련하는 데 핵심적인 역할을 했어요. 유교 사상을 바탕으로 조선의 통치 이념과 제도를 정립했답니다.

조선의 태조 이성계는 고려 말, 왜구와 홍건적을 격퇴하며 백성들의 신망을 얻었고 1392년 고려를 무너뜨려 조선을 건국한 조선의 첫 번째 왕이에요.

무학 대사와 정도전의 의견이 팽팽하니 태조는 하늘에 제를 올려 결정하기로 했어. 하늘에 제를 지내기로 한 날, 밤새 첫눈이 많이 내려 땅이 모두 하얗게 뒤덮였어. 그런데 마치 선을 그은 것처럼 인수봉 안으로 내린 눈은 모두 녹고 바깥으로는 눈이 그대로 쌓여 있는 거야. 이를 본 태조는 눈이 녹은 선을 따라 선바위를 성 밖에 두고 도읍의 성곽을 둘렀지.

그래서 눈 설(雪) 자에 울타리 울(鬱) 자를 써 설울이라고 부르다 서울이 되었다는 이야기가 전해지고 있어.

서울이라는 지명에 관한 유래가 더 있어. 신라의 수도였던 경주를 서라벌, 서벌이라고 불렀는데 서라벌이 점차 변화해 서울이 되었다는 이야기가 있단다.

솟다, 높다 등의 의미를 가진 '솟, 수리'와 울타리를 뜻하는 '울'이 합쳐져 솟아 있는 울타리라는 뜻의 서울이 되었다는 이야기도 있지.

서울은 우리나라의 도시 이름 중 유일하게 순수한 우리말로 이뤄진 말이라 한자로는 쓰지 않아. 이름까지도 참 특별하지.

할아버지, 무학 대사 이야기가 정말 재미있어요.

무학 대사가 훌륭한 분이에요. 노인 이야기도 허투루 듣지 않고.

제나 제이도 훌륭하다. 할아버지 이야기를 집중해서 잘 들었으니까. 무학 대사는 조선 시대 유일한 왕사였어. 왕사는 왕의 선생님을 뜻하는 말이란다.

왕의 선생님이면 왕보다 더 높네요.

그래도 왕이 가장 높지. 너희가 할아버지 말을 잘 들었으니 보너스로 무학 대사와 태조 이성계의 이야기를 하나 더 해 주마.

우아, 신난다!

무학 대사와 태조 이성계

어느 날, 태조가 무학 대사를 보고 "대사께선 꼭 돼지같이 생기셨습니다." 하고 장난스럽게 무학 대사를 놀렸지. 그러자 무학 대사가 태조에게 물었어.

"전하께서 보시기에 소승이 그저 먹기만 하는 꿀꿀 돼지처럼 보인단 말씀이십니까?"

"그렇다네."

태조가 껄껄 웃으며 대답했지.

"전하."

"말해 보게, 무학."

"소인의 눈엔 전하께서 부처님으로 보입니다."

"아하, 그런가?"

태조는 좋아하며 빙그레 웃음을 띠며 물었지.

"나는 대사께 돼지라고 했는데, 대사는 나보고 부처님이라고요?"

그러자 무학 대사가 대답했어.

"돼지 눈에는 돼지만 보이고, 부처 눈에는 부처만 보이지 않겠습니까?"

무학 대사의 말에 태조는 호탕하게 웃었단다.

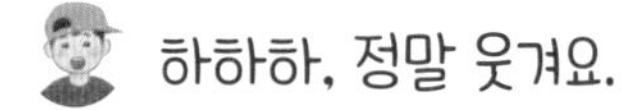

하하하, 정말 웃겨요.

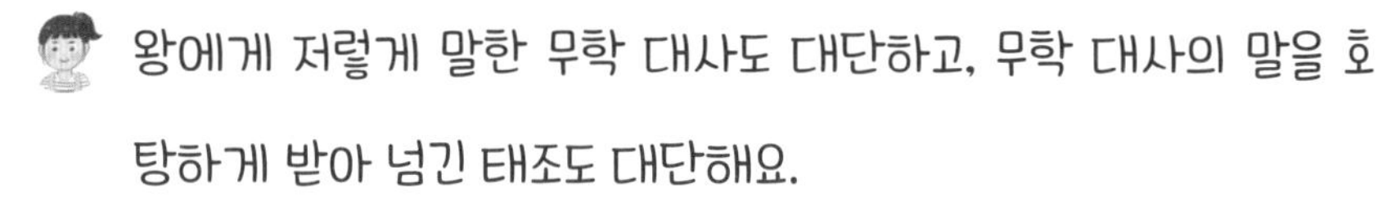

왕에게 저렇게 말한 무학 대사도 대단하고, 무학 대사의 말을 호탕하게 받아 넘긴 태조도 대단해요.

제나 제이가 재밌게 들어 주니 할아버지도 기분이 좋구나. 서울에 자랑할 만한 게 뭐가 있을까?

경복궁이랑 덕수궁이 있잖아요.

그래, 서울에는 5대 궁궐이 있단다. 모두 조선 시대에 왕실로 사용되었던 역사적인 장소지.

할아버지, 궁궐과 궁전이 같은 말이에요?

저도 궁금해요!

궁궐은 주로 우리나라에서 사용되는 단어란다. 왕이 있던 공간으로써, 우리나라의 역사와 문화를 상징하는 중요한 유산이지. 궁전은 우리나라뿐만 아니라 다른 나라에서도 사용되는 단어야. 프랑스의 베르사유 궁전 등을 예로 들 수 있지. 궁전은 주로 규모가 크고 화려한 건축물로서의 의미가 강해.

경복궁의 정문인 광화문 앞에는 월대가 있어. 월대는 궐 앞에 놓인 넓은 단이야. 일제 강점기 때 훼손되어 2023년 약 100년 만에 복원되었지.

월대는 왕의 영역인 궁궐과 백성들의 영역을 구별하는 경계라고 할 수 있지. 즉 왕과 백성이 소통하는 곳이라 할까? 월대에서 백성들의 상언(上言: 임금에게 국민이 바라는 것을 올리는 글)을 받았고, 왕이 어려운 백성들에게 구휼미를 나눠 줬지. 구휼미는 재난을 당한 사람이나 빈민을 돕는 데 쓰는 쌀이야. 또 월대에서 외국의 사신들을 맞이하고 무과 시험·산대놀이 등 각종 행사가 열렸다는 기록도 있어.

광화문 월대 앞에는 계단 양쪽으로 해치상이 놓여 있어. 해치는 해태라고도 부르는데 잘잘못이나 착함과 악함을 꿰뚫어 본다는 상상 속의 동물이야. 경복궁 남쪽에 불의 기운을 가진 관악산이 있어서 불을 먹는 물짐승인 해치를 화재 예방의 의미로 두었다고 해.

서울의 5대 궁궐

경복궁: 1395년에 조선 왕조의 시조인 태조 이성계가 지었어요. 경복궁은 서울에서 가장 유명하고 중요한 궁궐 중 하나로 조선 왕조의 본궁으로 사용했어요. 궁궐 안에는 고궁전, 근정전, 강녕전 등 다양한 건물과 정원이 있어요.

창덕궁: 1405년 조선 시대에 두 번째로 세워진 궁궐이에요. 창덕궁은 아름다운 정원과 자연 지형에 맞추어 지어진 건축물로 유명하며, 1997년 유네스코 세계 문화유산으로 등재되었어요.

창경궁: 1483년 조선 성종 때 수강궁(세종 대왕이 아버지인 태종을 모시고자 지은 궁)을 고쳐 지은 궁궐이에요. 일제 강점기 때 훼손되어 창경원으로 불리다가 다시 본래 궁의 모습을 되찾게 되었어요.

덕수궁: 덕수궁은 조선 시대 왕들의 별궁으로 쓰이다가 조선 말년 조선 왕조가 다른 국가들에게 휘말리면서 고종의 거처로 쓰였던 궁궐이에요. 궁내에 서양식 건물이 여럿 지어졌고 그중 석조전은 현재 국립현대미술관으로 사용되고 있어요.

경희궁: 1617년 광해군이 지었고 원래는 경덕궁으로 불리던 궁궐이었어요. 서울의 5대 궁으로 불리지만 국가가 아닌 서울시에서 관리하고 있고 입장료가 무료예요. 지금은 숭정전을 둘러싼 작은 규모만 남아 있어요.

강남구

강남구는 역삼동, 개포동, 청담동, 삼성동, 대치동, 신사동, 논현동, 압구정동, 세곡동, 자곡동, 율현동, 일원동, 수서동, 도곡동을 포함하고 있어요. 1970년대 초중반부터 서울의 교육, 문화 기능이 점차 강남으로 이전하고 중상류층도 강남으로 이주했어요. 현재 강남구는 교육과 문화의 중심지, 경제 활동의 중심지로 각광받고 있어요.

할아버지, 강남구 압구정동은 로데오 거리로 유명하죠?

로데오 거리도 유명하지만 '압구정'이라는 동네 이름도 역사적 인물의 호로 생겨났단다. 동네 이름은 대개 그 동네에 있는 유명한 강과 산이라든가 전해져 내려오는 전설과 관련이 있지. 또 왕이 직접 지어 준 곳도 있고, 그곳의 대표적인 인물의 호를 따서 지은 곳도 있단다.

누나, 호가 뭐야?

호는…… 음, 그러니까…….

알기는 아는데 설명이 잘 안 되지? 호는 말이야, 우리나라나 중국에서 자기 이름 말고, 서로 허물없이 부르기 위해 이름 대신 쓴 별명 같은 거야.

그럼 제이는 '바보'가 호일까?

누나!

자, 오늘은 할아버지가 강남구 압구정동에 대한 이야기를 해 주마.

압구정동 이야기

한명회는 조선 시대 세조 때부터 예종, 성종 때까지 3대에 걸쳐 권세를 쥐고 세상을 주무르던 인물로 영의정을 세 번이나 했단다. 영의정은 조선 시대 최고 행정 기관인 의정부의 수장으로 가장 높은 지위의 벼슬이었어. 한명회는 예종과 성종의 장인이기도 했지.

압구정(狎鷗亭)은 한명회의 호였어. 한자어로 친할 압(狎) 자에 갈매기 구(鷗) 자를 써서 갈매기를 벗 삼아 산다는 뜻이야. 한명회는 정계에서 물러나 자연 속에서 한가롭게 살겠다는 의미로 경치 좋은 곳에 정자를 지었어. 그 정자의 이름을 자신의 호를 따 압구정이라 했단다.

압구정은 조선 시대 성종 때 지었어. 압구정이 지어졌을 때 성종이 압구정을 기념하는 시를 직접 지어 보내기도 했어.

한명회는 권력을 누려 많은 돈을 모았어. 돈과 권세가 하늘로 치솟아 압구정도 크게 지었다지. 중국 사신들도 조선에 오면 압구정을 구경하고 싶어 할 정도로 풍광이 아름다웠다고 해. 압구정은 그만큼 유명했지.

한번은 조선에 온 중국 명나라 사신이 압구정을 보고 싶다고 요청했어. 성종은 한명회의 권세가 지나치게 커지는 것을 염려해 만류했지. 그러나 중국 사신은 굳이 압구정을 보겠다며 고집했고 성종은 마지못해 허락했어.

그런데 방문 전날, 중국 사신이 몸이 아프다며 압구정에 가지 못하겠다는 거야. 한명회는 중국 사신을 설득해 압구정에 오도록 하고는 궁궐에서 사용하는 용과 봉황이 새겨진 차일을 가져다 압구정에 설치하게 해 달라고 요청했어.

성종은 자신의 위세와 권세를 뽐내려는 한명회가 마음에 들지 않았어. 그래서 한명회의 청을 거절하고 왕 소유의 다른 정자인 제천정에서 연회를 베풀라고 명했어.

그러자 한명회는 심통이 나서 아내가 아파 제천정 연회에는 나가지 못하겠다며 핑계를 대어 성종의 화를 돋우었어. 한명회의 무례함을 벌주어야 한다는 신하들의 상소문도 빗발쳤어. 한명회는 해명하려 했으나 성종은 끝내 들어 주지 않았어. 한명회는 이 사건을 계기로 유배를 가기도 했지.

사람들은 매일 정자에서 호화로운 잔치를 벌이고 사람들이 바치는 뇌물로 배를 불리는 한명회가 싫어 친할 압(狎) 자 대신 누를 압(壓) 자를 써 압구정(壓鷗亭)으로 썼다고 해. 그 압구정이 있던 곳이 지금의 압구정동이 된 거란다.

압구정동은 처음에는 경기도 광주군 언주면 압구정리였어. 그러다 서울시로 편입되면서 성동구 압구정동이 되었고, 그 뒤로 강남구 압구정동이 되었지.

압구정동은 사람들이 많이 모이는 유행의 장소지. 청담동, 삼성동과 함께 강남구의 부촌으로 꼽히고 있기도 해. 이밖에도 강남구에는 코엑스, 가로수길, 봉은사 등 사람들이 찾는 명소가 많단다.

 할아버지, 지도를 보니 강남구 신사동에 근린공원이 있는데요?

 바로 도산 근린공원이야. 근린공원은 도시 안에 사는 주민들이 이용할 수 있도록 조성한 도심 속의 공원이야. 도산은 독립운동을 한 안창호 선생의 호란다. 도산 안창호 선생은 해방 때까지 국내, 미국, 연해주, 중국 등지에서 독립 협회 활동뿐 아니라 공립 협회와 신민회를 결성해 독립운동에 앞장선 인물이야. 특히 우리나라의 독립을 위해 싸우던 대한민국 임시 정부를 이끌었던 대표적 지도자란다. 도산 근린공원은 도산 안창호 선생의 애국정신을 기리는 곳이란다.

강동구

강동구는 명일동, 고덕동, 상일동, 길동, 둔촌동, 암사동, 성내동, 천호동, 강일동을 포함하고 있어요. 예전에는 저습지가 많았지만 현재는 모두 주택지와 아파트로 개발되면서 교육과 문화생활을 즐기기 좋은 곳이랍니다. 많은 선현들이 살았던 곳으로 옛 지명 등에 문화유산의 흔적이 남아 있어요.

할아버지, 왕이 동네 이름을 직접 지어 준 곳도 있다고 하셨잖아요. 그 동네가 어디예요?

내가 그런 말을 한 적이 있니?

네, 압구정 이야기해 주실 때요.

아차! 그랬구나, 할아버지가 깜빡깜빡하는구나. 조선 시대에 강동구 고덕동에 태종 이방원의 의형제가 살았지. 태종 이방원은 조선의 세 번째 왕이란다. 의형제란 진짜 형제가 아니라 의를 나눈 형제야. 이방원의 의형제인 석탄 이양중은 절개가 굳었어.

석탄이요?

이 바보야! 호에 대해서 배웠잖아.

고려 말, 태조는 새 나라를 세우려 마음 맞는 사람들을 모았어. 그때 이양중은 나라를 새로 세우자는 태조의 말을 반대했어. 이양중은 고려 왕조의 충신이었거든.

한 신하가 어떻게 두 임금을 모시냐는 거죠?

바로 그거야. 그래서 이양중은 세상일을 피해 고덕동에 살게 된 거야. 시간이 흘러 태종 이방원이 왕이 되었지.

태종 이방원은 조선의 3대 왕이에요. 왕위 계승을 둘러싸고 왕자의 난을 일으켜 형제들을 제거하고 조선의 왕이 되었어요. 왕권을 안정시키고 조선의 기틀을 다지는 데 힘썼답니다.

태종은 친구 이양중에게 오늘날의 서울 시장에 해당하는 한성부 판윤이라는 관직을 내렸어. 하지만 이양중은 고려 왕조에 대한 충성심으로 이를 거절했단다. 그 뒤 이양중은 어떻게 되었을까?

한성부는 조선 시대의 수도였던 한양의 행정과 사법 등을 맡아 보던 관청이에요.

고덕동 이야기

태종과 이양중은 어릴 적부터 깊은 우정을 나눈 친구였어. 태종은 이양중에게 자기를 도와 달라고 설득하러 친히 이양중이 살던 돌여울까지 찾아갔어. 돌여울은 지금의 고덕천 입구야.

이양중은 평소 입던 농부 차림으로 태종을 맞았어. 태종과 이양중은 막걸리를 주고받으며 서로의 이야기를 나누었지. 이양중은 아무리 의를 나눈 형제지만 태종을 도울 수는 없다며 왕의 부탁을 사양하는 마음을 밝혔어.

태종이 궁으로 돌아오자 대신들이 아뢰었어.

"군주의 청을 무시한 이양중의 죄가 크니 벌을 주어야 합니다."

그러자 태종이 말했지.

“무릎을 맞대고 술을 마신 것은 변함없는 우정이다. 저토록 높고 곧은 품성을 지닌 이가 어디 또 있겠느냐?”

태종은 오히려 이양중의 절개를 오래오래 기리려 이양중이 사는 곳을 높을 고(高) 자에 덕 덕(德) 자를 써 ‘고덕(高德)리’라고 부르게 했다고 해. 고덕동은 이런 역사적 배경을 바탕으로 지금까지 그 이름이 이어지고 있어.

강동구에는 선사 시대의 모습을 볼 수 있는 암사동 유적지와 많은 공원들이 있단다. 역사와 자연 속에 현대적인 도시 개발이 어우러진 지역이야.

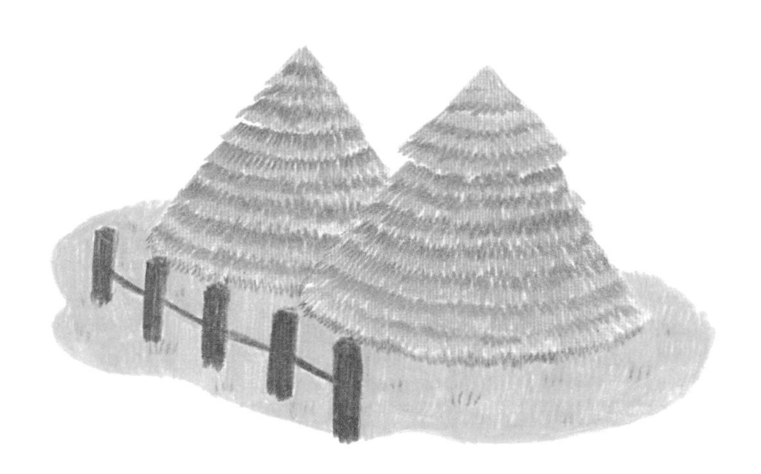

강북구

강북구는 미아동, 번동, 수유동, 우이동을 포함하고 있어요. 북한산이 구 면적의 상당 부분을 차지하고 있어 등산객이 많아요. 공원 녹지 지역도 많아 쾌적한 주거 환경을 이루고 있답니다.

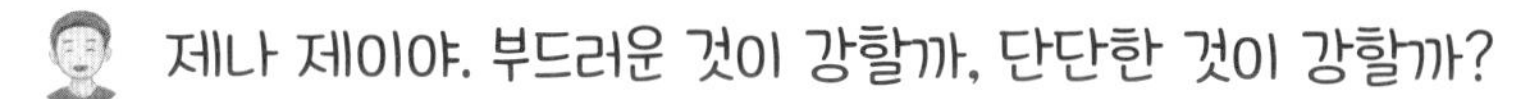
제나 제이야. 부드러운 것이 강할까, 단단한 것이 강할까?

그야 두말하면 잔소리, 단단한 것이 강하죠.

그렇다면 묻지를 않으셨겠지. 할아버지, 저는 부드러운 거요.

칭칭 늘어진 버드나무와 단단한 박달나무, 어느 나무가 강할까?

박달나무요.

버드나무요.

왜 그럴까? 제나가 얘기해 보렴.

비바람이 몰아치면 버드나무는 꺾이지 않고 휘는데, 박달나무는 꺾여서 부러져요.

중국 제자백가의 한 사람인 노자가 말했지.

제자백가가 누구예요?

공자나 맹자 같은 중국의 철학자들이야. 노자는 '단단하고 강한 것은 죽은 것이요, 부드럽고 약한 것은 살아 있는 것이다.'라고 했어. 단단하고 강한 것은 깨지거나 부서지기 쉽지만 부드럽고 약한 것은 유연하게 변화에 적응하기 때문이지. 영조와 정조 때의 문신이었던 이계 홍양호도 그리 생각했던 모양이다. 오늘은 홍양호가 살았던 강북구 우이동에 대한 이야기를 해 주마.

우이동 이야기

북한산을 끼고 있는 우이동은 예전부터 물이 아주 맑았지. 소의 귀라는 뜻인 우이(牛耳)는 북한산이 누워 있는 소의 모습 같고 봉우리인 백운대와 인수봉, 만경대가 소의 뿔 같아 삼각이라 불렸던 데서 유래했어. 뿔 아래에 귀가 있다는 데서 우이동이라는 이름이 붙었지. 이계 홍양호는 노자의 부드럽고 강한 사상을 우이동에 접해 '뿔과 귀'에 대한 글을 남겼어. 홍양호는 정조 때 한성부 판윤을 지냈던 인물로 우이동에서 3대를 살았다고 해.

대체로 뿔은 강하고 귀는 부드럽다고 하지.
강한 것은 꺾이지 않고 꺾어지고,
부드러움은 꺾이지 않고 휘어져 오래 간다고 해서가 아닐까?
뿔은 위가 날카롭고, 귀는 아래에 있어 순해서가 아닐까?
……
동해 위쪽에 산이 있는데 삼각(三角)이라 하고,
삼각산 아래 동네가 있는데 우이(牛耳)동이라 하지.
산을 각(角;뿔)이라 하고, 동을 이(耳;귀)라 하니,

뿔이 있는 자는 귀가 없지 않을 것이다.

뿔이 산 위에 있고, 우이동이 아래에 있으니

뿔은 위에 있고 귀는 아래에 있는 것이다.

산이 높이 솟아오르니 뿔 같은 위엄이요,

동은 속이 비어서 깊이 간직하니, 저 위엄으로 스스로 항복시키고 또 너그러움으로 받아들이니 군자의 기상이다.

– 이상협, 『서울의 고개』 중에서, 서울특별시, 1998년

홍양호는 이렇게 우이동을 노래했지.

고개는 산을 넘어 다니도록 길이 나 있는 비탈진 곳을 말해. 고개를 한자로 '재' 또는 '영(령)'이라고 한단다. 우리나라에서 가장 높은 고개는 북한 함경산맥에 있는 2,087m의 마천령이란다. 남한에도 1,330m의 만항재를 비롯해 죽령, 이화령, 한계령, 대관령 등 유명한 고개가 많아.

언덕은 땅이 비탈진 조금 높은 곳이야. 주위의 땅보다 솟아오른 곳이지. 언덕은 평지보다는 높지만 고개보다는 경사가 완만하지.

강북구는 북한산 국립 공원, 솔밭공원, 오패산, 북서울 꿈의 숲

등 구 면적의 절반 이상이 자연 녹지야.

강북구의 수유동은 북한산 골짜기의 물이 넘쳐 나서 '무너미'라 하였는데 이를 한자로 물 수(水) 자와 넘칠 유(踰) 자로 쓴 데서 유래되었다고 해. 또 다른 얘기로는 '뫼넘이'(산을 넘어가는 고개)가 '무너미'로 변한 것이라고도 한단다.

번동(樊洞)은 18세기 중엽 겸재 정선이 그린 도성대지도와 김정호가 그린 대동여지도에 벌리(罰里)로 표시되어 있어. 벌(罰)은 '벌주다, 처벌하다'라는 뜻이 있는데 이 지역이 조선 시대에 죄인을 처벌하는 장소로 사용되었던 것으로 알려져 있단다. 벌리(罰里)가 번리(樊里)로 바뀐 듯해.

또 다른 얘기를 살펴보면 고려 시대에 쓰인 운관비기라는 책에 '이(李) 씨가 한양에 도읍하리라'는 설이 있었어. 고려 말 왕과 신하들은 한양 삼각산 아래에 이 씨와 한자가 같은 오얏나무(李)가 무성하다는 말을 듣고 이 씨가 흥할까 두려워 오얏나무를 베는 벌리사를 보냈어. 베다 벌(伐) 자에 오얏나무 리(李) 자를 써 오얏나무를 베는 신하를 말해. 그래서 이곳을 벌리라 부르다가 번동이 되었다고도 전해진단다.

강서구

강서구는 염창동, 등촌동, 화곡동, 가양동, 마곡동, 내발산동, 외발산동, 공항동, 방화동, 개화동, 과해동, 오곡동, 오쇠동을 포함하고 있어요. 김포평야의 일부로 평야 지대 또는 낮은 구릉으로 되어 있었지만 현재는 거의 아파트 단지나 연립 주택으로 바뀌었어요. 김포 국제공항이 있어 국내외 항공 교통의 요지이기도 해요.

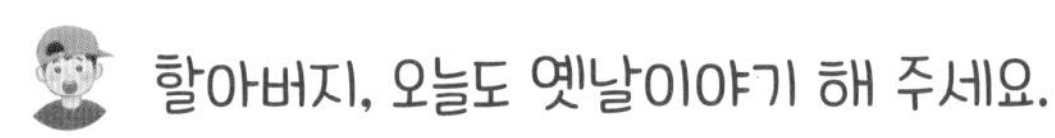

오늘은 비가 오니까 엄마보고 부침개 부쳐 달라고 해서 먹으며 들을까?

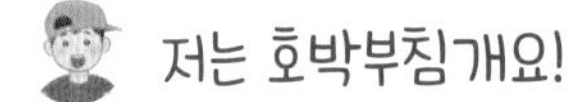

가양동 이야기

강서구 가양동의 역사는 저 멀리 백제 때부터 시작돼. 소서노는 백제를 세운 온조왕과 비류의 어머니이자 고구려를 세운 주몽의 부인이었어. 하지만 온조와 비류는 고구려를 떠나 남쪽으로 가서 백제를 세웠어. 아버지가 왕인데 왜 고구려를 떠났을까? 주몽이 소서노와 결혼 전에 예씨 부인과 낳아 부여에 두고 온 아들(훗날의 유리왕)이 고구려에 찾아와 태자가 되었기 때문이야. 온조와 비류는 설 자리가 없어져 남쪽으로 내려왔지. 비류는 미추홀에, 온조는 하남 위례성에 자리를 잡았어. 그러다 비류의 백성들이 온조가 다스리는 위례성에 흡수되어 백제가 되었지. 비류가 세운 미추홀이 바로 지금의 강서구와 인천광역시 일대야.

가양동은 원래 이곳에 있었던 가마동과 고양리를 합치면서 생긴 지명 이름이야.

조선 시대 명의인 구암 허준이 태어난 곳이기도 하지. 또 허준의 조상이자 양천 허 씨의 시조 허선문이 태어난 곳이기도 해. 가양동에 허가바위라고 구멍 뚫린 바위가 있는데 이 바위에서 허선문이 태어났다는 전설이 내려오고 있단다.

허선문은 고려의 개국 공신이기도 해. 고려를 세운 태조 왕건이 후백제 견훤을 물리치러 한강에 왔는데 배가 한 척도 없는 거야. 그때 허선문이 마을 사람들의 배를 모아 왕건에게 바치고 쌀을 거두어 군사들에게 대접했어. 견훤과의 싸움에서 승리한 왕건은 그 고마움을 갚으려고 양천 지역을 허선문에게 맡겼대.

가양동은 강서구에서 문화 유적이 가장 많이 남아 있는 곳이야. 가양동의 문화 유적으로는 1737년에 지어진 '소악루'라는 누각과 '양천 고성지', '양천향교'가 있어. 소악루는 화재로 사라졌다가 1994년 다시 세워졌지.

양천 고성지는 가양동 궁산에 있는 너른 터를 말하는데 옛날에는 성이 있었다고 해. 임진왜란 때 권율 장군이 행주산성 전투를 앞두고 이 성에 잠시 머물렀다고 전해지지.

조선 시대의 교육 기관이었던 '양천향교'는 서울에 남아 있는 유일한 향교야. 조선 시대에 건축되어 지금까지도 아름답게 보존되어 있고 지금도 유교 경전을 공부하고 유교 윤리를 배울 수 있단다.

'허준박물관'은 조선 시대 최고의 명의인 허준 선생이 태어나고 자랐으며 『동의보감』을 집필하고 돌아가신 가양동에 세운 박물관이야. 허준의 업적을 기리고 동의보감의 내용 등을 전시하고 있단다.

동의보감은 허준이 1610년에 완성한 의학서예요. 조선 의학의 수준을 한 단계 끌어올렸으며 오늘날까지 한의학의 중요한 기본 서적으로 활용되고 있답니다.

또 '겸재 정선 미술관'은 진경산수의 창시자인 겸재 정선의 위대함과 진경 문화의 계승 발전을 위해 건립되었어.

진경산수는 우리나라의 아름다운 경관을 사실적으로 나타내는 그림이야. 중국 산수화에서 벗어나 새로운 시각과 표현 방식을 추구했지.

천 원짜리 지폐를 꺼내 잘 살펴봐. 천 원에 그려진 인물은 조선 중기의 학자 '퇴계 이황'이야. 지폐를 뒤집으면 경치가 그려져 있지. 이 그림이 바로 겸재 정선이 그린 「계상정거도」야. 계상정거도의 뜻은 냇가에 조용히 머문다는 뜻이지. 정선의 그림이 천 원에 있는 것은 정선이 우리나라 고미술을 대표할 만한 화가이기 때문이란다.

관악구

관악구는 봉천동, 신림동, 남현동의 법정동을 21개의 행정동으로 나눠 관리하고 있어요. 법정동은 옛날부터 내려오는 마을 이름, 행정동은 주민 센터가 담당하는 편의에 의해 나눈 구역을 말해요. 구 이름은 관악산에서 따왔고 서울대학교, 신림동 고시촌이 위치한 지역이라 청년 인구 비율이 높아 활기찬 지역이에요.

학교에서 다음 주 금요일에 낙성대에 간대.

우리 집에서 가깝네. 지하철 타고 두 정거장 가면 돼. 그런데 너 낙성대가 어떤 곳인지 알아?

강감찬 장군이 태어난 곳이라는데.

제이가 아주 제법이구나. 학교에서 가기 전에 우리끼리 먼저 가서 강감찬 장군에 대해 알아볼까?

저도 같이 갈래요!

그래, 다 같이 낙성대로 가 보자꾸나.

낙성대 이야기

관악구는 관악산이 있어서 그림 같은 자연 경관과 번화한 도시 풍경을 함께 느낄 수 있는 지역이란다.

낙성대는 관악구 봉천동에 있어. 낙성대는 고려 시대에 쳐들어온 거란의 수십만 군사를 귀주에서 크게 무찔러 승리로 이끈 강감찬 장군이 태어난 곳이야. 귀주에서의 전쟁을 크게 이겼다는 뜻으로 귀주 대첩이라고 불러.

948년, 낙성대에서 태어난 강감찬에 대해 전해 오는 이야기가 있어.

고려 시대의 어느 날 밤, 한 사신이 길을 가고 있었어.

"아니, 하늘에서 웬 별이 떨어지지?"

캄캄한 하늘에 큰 별이 하늘을 밝히며 어떤 집으로 떨어지는 거야. 이런 일은 흔히 있는 일이 아니야. 사신은 사람을 보내 별이 떨어진 곳을 찾아보았지.

"으앙."

별이 떨어진 곳은 어느 부인이 사내아이를 낳은 집이었어. 그 사내아이가 바로 강감찬이었지. 강감찬 장군이 태어나던 날, 큰 별이 떨어졌다고 해서 낙성대(落星垈)라 부르게 된 거야.

강감찬의 어릴 때 이름은 은천이야. 강감찬의 아버지는 태조 왕건을 도와 고려를 건국할 때 공을 세운 신하였어.

귀주 대첩을 승리로 이끈 장수라는 사실 때문에 강감찬을 무관으로 알지만 사실 강감찬은 문관 출신이야.

옛날에는 나라를 위해 일하던 사람을 크게 두 종류로 나눴어요. 문관은 공부를 많이 해 과거 시험을 통과한 사람들이에요. 무관은 힘이 세고 무술 실력이 뛰어난 사람들이죠. 요즘과 비교하자면 문관은 국회 의원이나 공무원, 무관은 군인이나 경찰과 비슷하다고 생각하면 돼요.

1010년, 거란이 30만 대군을 이끌고 두 번째로 고려를 침략했을 때의 일이야. 엉키고 엉킨 복잡한 사정 끝에 왕위에 오른 현종은 전쟁에 대비할 겨를이 없었어. 이에 고려군은 거란과 싸우는 족족 패하고 말았지.

강감찬은 왕에게 끝까지 항복하지 말라고 주장했어. 강감찬의 말을 듣고 왕이 항복 대신 피신한 사이 다행히 고려 시대의 이순신 장군이라고 하는 양규 장군이 흥화진을 지키며 전세를 역전시켜 거란을 물리쳤지.

그러나 거란은 1018년에 또다시 고려를 침략했어. 이때는 강감찬이 직접 나섰어. 강감찬은 흥화진과 자주성, 1019년에는 귀주에서 뛰어난 전략과 기지로 거란군을 크게 물리치고 승리했지.

 할아버지, 낙성대에 있는 안국사는 옛날에 지은 사당이에요?

 누나, 요즘 짓는 사당이 어디 있어?

 사당은 지금도 지을 수 있지. 안국사도 근래에 지었단다.

낙성대 공원 안에 위치한 안국사는 1974년 강감찬의 호국 정신을 기리기 위해 지은 사당이야. 사당은 죽은 사람의 이름을 적은 나무패를 모시고 제사 지내는 곳이야. 안국사 사당 안에 강감찬

장군을 그린 그림이 모셔져 있지.

낙성대 공원 근처에 강감찬 장군이 태어난 집터가 있어. 원래는 그곳에 삼층 석탑이 세워져 있었는데 안국사를 지으면서 석탑을 안국사 앞으로 옮기고 석탑이 있던 자리에 비석을 세워 집터를 표시했지.

우리나라에서 역사적인 대첩 셋을 말하라면, 을지문덕의 살수 대첩과 이순신의 한산도 대첩, 또 강감찬의 귀주 대첩을 꼽는단다. 강감찬은 거란의 수십만 대군을 일흔 살의 나이로 귀주에서 물리치며 고려를 지켰어.

관악구 신림동에 가면 강감찬 장군이 지나다 지팡이를 꽂은 것이 나무가 되었다는 1000년 된 굴참나무가 있어. 천연기념물로 정해진 이 굴참나무는 마을을 지켜 주는 신성한 나무로 여겨져 예전에는 정월 대보름마다 제사를 지냈다고 해.

광진구

광진구는 중곡동, 능동, 구의동, 광장동, 자양동, 화양동, 군자동을 포함하고 있어요. 아차산과 한강을 접하고 있으며 예로부터 광나루와 뚝섬나루가 있어 많은 사람이 오가던 교통의 요충지였답니다. 1995년 성동구에서 나뉘어져 광진구가 되었고 한강에 접해 있어 아름다운 지역이에요.

할아버지, 오늘 아차산에 가요.

뜬금없이 웬 아차산이야?

친구가 갔다 왔다고 자랑한단 말이에요.

네가 산을? 다리 아프다고 찡찡대려고?

제이가 먼저 가자고 했으니까 그러진 않겠지? 그럼 가면서 할아버지가 아차산에 얽힌 이야기를 해 주지.

신난다!

마음에 아차산을 그리며 얘기를 듣거라.

아차산은 높아요?

아차산은 높이가 287m야. 263m인 남산보다 키가 조금 더 크지. 조선 시대에는 지금 중랑구 신내동에 있는 봉화산을 포함해 망우 역사문화 공원과 용마봉 등의 근처 산을 모두 아차산이라 불렀어.

아차산이 큰 산이었네요.

작다고는 할 수 없지. 아차산성은 삼국 시대, 백제 초기에 지어졌다고 추정돼. 한강을 사이에 두고 남쪽의 송파구 풍납동 토성과 함께 백제의 운명을 좌우하던 중요한 군사적 요지였단다. 백제를 공격한 고구려가 차지했다가 다시 신라의 땅이 된 삼국 시대의 중요한 격전지였어. 아차산에 얽힌 아주 재미있는 이야기도 있지.

할아버지, 빨리 이야기해 주세요.

좋아, 제이가 어제 할아버지 어깨를 열심히 안마해 줬으니 선물을 주지.

아차산 이야기

조선 시대 명종 때, 한양에 아주 유명한 점쟁이인 홍계관이 살았어. 홍계관이 점을 잘 친다는 소문이 널리 퍼져 왕의 귀에까지 들어갔지 뭐야.

명종은 유명한 점쟁이가 얼마나 용한지 궁금해 신하를 시켜 홍계관을 궁궐로 불렀어.

"그대가 귀신처럼 잘 맞춘다는 점쟁이인가?"

명종이 홍계관을 훑어보며 물었지.

"황공하옵니다."

홍계관은 어쩔 줄 몰라 했어.

명종은 안이 보이지 않게 보자기로 싸고 또 싼 상자를 가리키며 물었어.

"이 상자 속에 무엇이 들어 있는지 알아내면 네가 바라는 것을 들어줄 것이요, 그렇지 못하면 백성의 마음을 어지럽힌 죄로 네 목을 치겠다."

홍계관은 흠칫 놀라더니 정신을 가다듬고 상자를 뚫어지게 바라보았어. 주위는 물을 끼얹은 듯 조용했지.

"이 상자 안에는 쥐가 있사옵니다."

홍계관이 말했어.

"정말 잘 맞추는구나. 몇 마리가 있느냐?"

명종의 물음에 홍계관은 골똘히 생각하더니 대답했어.

"쥐 세 마리가 들어 있사옵니다."

"세 마리라고?"

"네, 그러하옵니다."

"정말이냐?"

명종이 재차 물었어.

"네."

"틀렸도다. 어서 상자를 열어 보거라."

명종의 말에 상자를 열자 홍계관은 멈칫 놀랐어.

"아니!"

상자 안에는 쥐 한 마리가 들어 있었어.

"아! 이게 어찌 된 일인가? 틀림없이 세 마리라고 점괘가 나왔는데……."

홍계관은 잿빛 얼굴이 되어 혼잣말로 중얼거렸어.

"여봐라! 저 점쟁이를 끌고 가서 당장 목을 쳐라."

"전하, 제발 소인의 말을 믿어 주십시오. 분명히 쥐는 세 마리입니다. 무엇인가가 잘못된 것입니다."

홍계관은 끌려가며 외쳤어.

명종은 홍계관이 나간 뒤 신하에게 물었어.

"상자 속에 분명히 쥐 한 마리를 넣었느냐?"

"네."

"쥐가 수컷이더냐?"

"아니옵니다, 암컷이옵니다."

"뭐라? 어서 쥐의 배를 갈라 보거라."

명종이 다급히 명했어.

"암컷이 새끼 두 마리를 배었나이다."

"그 점쟁이 말이 맞았구나. 어서 그 점쟁이를 불러들여 큰 상을 내리도록 해라."

이즈음 사형장에 끌려온 홍계관은 죄인의 목을 베는 망나니에게 애원했어.

"여보시오, 제발 부탁이니 조금만 기다려 주시오."

"죽을 사람이 잠시 기다린들 무슨 소용이 있겠소?"

"아닙니다. 제가 이곳으로 오면서 점을 쳤는데 전하께서 저를 다시 부르신다는 점괘가 나왔습니다."

그러나 망나니는 홍계관의 말을 듣지 않았어.

명종이 보낸 신하가 사형장으로 달려왔을 때는 벌써 홍계관의 목이 달아난 뒤였어.

"아차, 한발 늦었구나."

명종이 탄식하며 말했어.

그 후로 홍계관이 죽은 사형장이 있던 산을 '아차산'이라 불렀다고 해.

평강 공주와 바보 온달의 이야기를 알고 있나요? 어릴 적 평강 공주는 울 때마다 바보 온달에게 시집보내겠다는 이야기를 들었어요. 평강 공주는 커서 온달을 찾아가 정말로 부부가 되었지요. 온달의 잠재력을 믿은 거예요.
평강 공주의 도움으로 온달은 뛰어난 장수로 성장해 고구려를 위해 큰 공을 세웠어요. 그러던 중 신라와 벌어진 전투에서 신라군의 화살을 맞고 죽고 말았지요. 온달이 숨을 거뒀다고 기록된 아단성이 아차산성이라는 주장과 충청북도 단양의 온달산성이라는 주장이 엇갈리고 있답니다.

구로구

구로구는 신도림동, 구로동, 가리봉동, 고척동, 개봉동, 오류동, 궁동, 온수동, 천왕동, 항동을 포함하고 있어요. 구 면적의 1/3이 준공업 지역인 서울의 대표적인 공업 도시로 1960년대 한국 수출 산업 공단(구로 공단)이 만들어지면서 우리나라 수출을 이끌었고 지금은 지식 정보 산업 중심의 서울 디지털 산업 단지가 자리 잡았어요.

할아버지, 공주와 옹주는 어떻게 달라요?

공주는 왕과 왕비 사이에서 낳은 딸이고, 옹주는 왕과 후궁 사이에서 낳은 딸이지.

후궁이 뭐예요?

왕의 정식 부인인 왕비 외에 둘째, 셋째 부인이야. 서울에 옹주와 관련 있는 동네 이름도 있는데 우리 제나 제이 궁금하니?

옛날이야기예요?

그래, 오늘도 한번 시작해 볼까? 지하철 1호선을 타고 인천으로 가다 보면 오류동역이 있는데 그 근처에 온천물이 나왔다는 온수동과 집 궁(宮) 자를 딴 궁동이 있단다. 궁동과 온수동을 합해 수궁동이라 부르기도 해. 온수동에 얽힌 얘기를 먼저 해 주마.

온수동과 궁동 이야기

세종 대왕은 평소 지병을 앓고 있어서 온양 온천 등 먼 곳까지 온천을 다녀오곤 했어. 그런데 한양 가까운 곳에 온천이 있다는 소문이 들리는 거야. 세종 대왕은 신하들을 보내 온수동 일대를

조사하게 했지. 실제로 온수동에서는 따뜻한 물이 솟아 나왔고 이 소식을 들은 세종 대왕은 온수동을 찾아가려 했어. 그런데 온수동에 사는 백성들이 이 소식을 듣고 재빨리 온천을 막아 버렸어. 그러고는 온천이 없다고 오리발을 내밀었어.

왜 온천을 숨겼을까? 온천물이 나온다고 하면 전국에서 각종 환자들이 몰려들 거 아냐. 사람들이 모여들어 북적거리면 병이 더 번질 수도 있고. 게다가 왕이 행차한다고 하면 얼마나 많은 준비를 해야겠어.

그래서 백성들은 온천물이 나오는 곳을 흙과 돌로 막고는 온천이 없다고 했던 거야. 세종 대왕은 거짓말한 백성들이 괘씸해 고을을 부에서 현으로 낮게 만들었단다. 그런 일이 있은 뒤로 온수동에는 온천물이 한 방울도 나오지 않았다고 전해져.

궁동은 조선 시대 선조의 일곱 번째 딸인 정선 옹주가 안동 권씨 가문의 길성군 권대임에게 시집가서 살던 집이 있어 붙은 이름이야. 궁궐같이 큰집이 있다고 해서 궁골이라 불리다 궁동이라는 이름으로 자리 잡았다고 해.

정선 옹주가 시집간 안동 권 씨 집안은 세도가였고 권대임은 글씨를 잘 써서 선조의 총애를 받았어. 현재 궁동에는 정선 옹주와 안동 권 씨 가문의 묘역이 남아 있단다.

구로구에는 예전에 구로 공단이라 불리는 수출 산업 단지가 있었어. 1960년대 국가에서 만든 산업 단지로 의류 공장을 포함한 제조업 공장들이 많았지.

구로 공단은 동대문 평화 시장과 더불어 노동자들의 눈물과 한이 서린 곳이었어. 10대 어린 나이의 여공들이 열악한 환경에서 쉴 시간도 없이 아주 적은 돈을 받으며 일했거든. 구로 공단은 사라지고 지금은 가산 디지털 단지가 그 자리를 지키고 있단다.

금천구

금천구는 가산동, 독산동, 시흥동을 포함하고 있어요. 1995년 구로구에서 분리되어 새로 만들어진 구랍니다. 금천구 서쪽 경계를 따라 한강까지 이어지는 안양천은 봄철 벚꽃 명소로 유명해요. 호암산은 금천구의 대표적인 산이랍니다.

 이번에는 호랑이가 궁궐 짓는 데 훼방 놓은 이야기를 해 줄까?

  엄청 기대돼요!

 시흥동은 서울특별시 금천구에 있는 동네야. 시흥이란 이름 때문에 경기도 시흥시와 금천구 시흥동을 혼동하기도 하지. 금천구 시흥동에는 호암산이 있어. 호암산은 금주산(금천의 주산) 또는 금지산이라고도 불렸어. 산의 모양이 북쪽을 바라보는 호랑이 모습을 닮았다고 호암산이라는 이름이 붙었지. 호암산에는 호암산 정상에 있는 우물인 한우물과 호암 산성터, 호압사가 있어. 호암산 꼭대기는 큰 바위로 되어 있어.

 호암산이면 호랑이 호(虎) 자에 바위 암(巖) 자, 호랑이 바위죠?

 그래그래. 똑똑한 우리 똥강아지.

 할아버지, 호암산에 얽힌 이야기가 있을 것 같은데요?

 좋아, 호랑이 전설이 깃든 호암산 얘기를 해 주마.

호암산 이야기

조선 시대 초기 때야. 태조가 조선을 세우고 한양에 궁궐을 짓는데 궁궐이 짓는 족족 무너지는 거야. 이상하게도 낮에는 궁궐이 멀쩡하다가 밤이면 힘없이 무너져 내렸어. 전국의 이름난 건축가들을 모두 불러다 의견을 물었지만 그 원인을 찾아내지는 못했어.

비가 부슬부슬 내리는 어느 깊은 밤이었어. 어둠 속에 커다란 괴물이 나타났어. 반은 호랑이, 반은 알 수 없는 형체의 괴물이 빗속을 뚫고 나타난 거야.

"바로 네놈이구나. 네 이놈, 맛 좀 봐라."

군사들은 괴물에게 빗발처럼 화살을 쐈어. 그런데 어떻게 된 일인지 괴물은 화살을 아무리 맞아도 끄떡없었어. 그 소식을 들은 태조는 한숨을 내쉬며 말했어.

"한양은 내가 도읍할 데가 아닌가 보다."

그때 밖에서 한 노인의 목소리가 들렸어.

"그렇지 않습니다. 한양은 비할 데 없이 좋은 도읍지입니다."

깜짝 놀란 태조가 밖으로 나가 노인을 찾았어. 주룩주룩 내리는 빗속에 흰 수염의 노인이 비를 맞고 우뚝 서 있었지.

"저길 보시오."

노인은 한강 남쪽의 한 산봉우리를 가르쳤어. 산봉우리의 모습이 궁궐을 무너트리던 호랑이 머리를 하고 한양을 굽어보고 있는 거야.

"호랑이란 꼬리를 밟히면 꼼짝 못하는 짐승입니다. 저 산봉우리 꼬리 쪽에 절을 지으면 모든 일이 순조로울 것입니다."

그말을 마친 노인은 홀연히 사라졌어.

태조는 노인의 말대로 무학 대사를 시켜 그곳에 절을 짓고 호압사라고 이름 지었단다.

그럼 왜 호암사가 아니라 호압사예요?

그것 잘 물었다. '압' 자가 누를 압(壓) 자거든.

호랑이의 기를 누른다, 이 말이죠?

그렇지, 이해를 잘하니 이야기할 맛이 나는구나.

노원구

노원구는 월계동, 공릉동, 하계동, 중계동, 상계동으로 이루어져 있어요. 동쪽은 화강암으로 형성된 불암산과 수락산이 솟아 있어요. 노원구에는 육군 사관 학교, 서울 과학 기술 대학교를 비롯해 많은 학교와 태릉 선수촌이 위치해 있어요.

제나 제이야, 서울에 강릉이 있게 없게?

강릉은 해수욕장으로 유명한 강원도에 있잖아요?

강원도에 있는 강릉 말고 또 있나 보지.

제나는 생각하는 힘이 제법인데.

생각하는 힘이요?

그래, 제나는 내 이야기에 강원도 강릉 말고 서울에도 강릉이 있다는 걸 눈치채지 않았냐? 그런 걸 생각하는 힘이라고 할 수 있지.

첫, 그런 힘이 어디 있어?

제이도 제법이다. 강원도 강릉도 알고. 우리 또 다른 강릉이 어떤 강릉인지 노원구에서 찾아보자.

태강릉 이야기

조선 시대에 노원구는 경기도 양주군 노원면(지금의 남양주시 별내동 일부와 구리시 갈매동을 포함)이었어. 일제 강점기 때 양주군 해등촌면과 합쳐져 양주군 노해면으로 바뀌었지. 일본이 우리나라를 통치했던 일제 강점기 때 일본은 우리나라의 지역 행정 구조를 멋대로 바꾸었어. 그 가운데 하나가 부, 군, 면 통폐합이었어. 우리나라의 행정 구역을 마구잡이로 합쳐 버린 거야. 우리나라를 더 쉽게 다스리고 정체성을 약화시키려 한 거지.

조선 시대 때의 노원은 경기 동북부에서 한양으로 가는 길목에 있었고, 성저십리 근처에 있는 관문 중 하나였어. 성저십리는 한양 도성 밖 십 리 안에 해당하는 지역을 말하는데 한양의 행정 구역으로 편입시켜 한성부에서 통치했단다.

노원구가 1988년 서울로 편입되었을 때는 성북구에 속해 있었어. 그러다 도봉구가 새로 생기면서 도봉구로 편입되었지. 그 이후 도봉구를 나누면서 옛 노원면에서 이름을 따와 노원구가 만들어진 거야.

이때의 흔적으로 노원 세무서는 도봉구 창동에 있으면서 노원구 전체와 도봉구 창동을 관할하고 있지.

서울에 있는 강릉은 지역 이름이 아니라 강릉이라는 능이란다. 이 능이 바로 노원구에 있어. 조선 역사상 최고의 권력을 가졌던 여인, 문정왕후의 묘 '태릉'과 그녀의 아들 명종의 묘 '강릉'이 있어서 태릉과 강릉을 합쳐 '태강릉'이라고도 해.

태릉은 왕비의 능이 하나만 있는 단릉이야. 그렇지만 규모가 아주 크지. 문정왕후는 선릉에 있는 중종 곁에 묻히고 싶어 했지만 홍수 때 물에 잠긴다는 이유로 명종은 지금의 자리에 능을 만들었어.

문정왕후는 중종의 세 번째 왕비로 17년 동안 아들을 낳지 못했어. 중종의 두 번째 왕비인 장경왕후의 아들이었던 인종은 어머니를 여의고 문정왕후 밑에서 자랐어. 인종은 문정왕후를 정성껏 모셨어. 그러다 인종이 세자가 된 후에 문정왕후가 아들을 낳았어. 그때부터 문정왕후는 아들인 명종을 왕위에 올리고자 권력 다툼을 벌였단다. 인종이 왕이 되고 8개월 만에 갑작스럽게 죽자 문정왕후는 인종을 독살했다는 의혹도 받았지.

문정왕후는 명종이 12살의 어린 나이로 왕위에 오르자 수렴청정을 통해 8년 동안 막강한 권력을 행사했어. 수렴청정은 왕이 어린 나이에 즉위했을 때 왕대비나 대왕대비가 정사를 돌보던 것을 말해. 문정왕후는 자신의 반대파를 모두 죽여 자신의 권력을 공고히 했단다.

노원구 공릉동은 옛날부터 있던 이름이 아니야. 원래는 경기도 양주군 노해면 공덕리였는데 서울시로 편입될 때 공덕동으로 하려다 마포구 공덕동과 이름이 같아 태릉동으로 정했어. 그러자 그곳에 살던 주민들이 공덕리가 어떻게 태릉동이 되느냐고 불만을 높였어. 결국 주민들의 의견을 받아들여 공덕리의 '공' 자와 태릉의 '릉' 자를 따서 공릉동이 된 거야. 동네 이름에도 이렇게 많은 사연이 얽혀 있단다. 참 재미있지?

도봉구

도봉구는 쌍문동, 방학동, 창동, 도봉동으로 이루어져 있어요. 북쪽으로 도봉산이 솟아 있고 구 이름도 도봉산에서 따왔어요. 도봉구는 도봉산, 북한산, 수락산 등에 둘러싸여 계곡의 맑은 물과 울창한 숲이 어우러져 수려한 경관을 자랑하는 지역이랍니다.

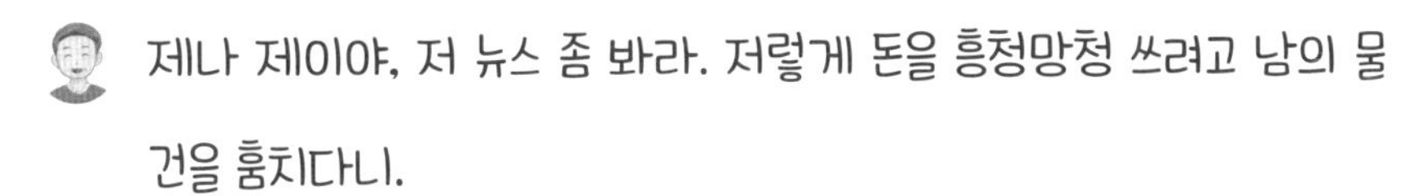

제나 제이야, 저 뉴스 좀 봐라. 저렇게 돈을 흥청망청 쓰려고 남의 물건을 훔치다니.

흥청망청이 뭐예요?

제나는 흥청망청이 뭔 줄 아니?

잘 모르지만 돈을 헤프게 마구 쓰는 거잖아요. 할아버지가 언젠가 말해 준 것 같아요.

내가 그런 말을 한 적이 있어? 제나 기억력이 아주 좋구나. 흥청망청을 한자로 쓰면 일어날 흥(興), 맑을 청(淸), 망할 망(亡), 맑을 청(淸)이야. 제나 말대로 흥에 겨워 마음대로 즐기는 모양 또는 돈이나 물건을 마구 쓰는 모양을 의미하지. 흥청이 망청이 되었다는 말에서 유래되었는데 연산군과 관련이 있단다. 연산군은 전국 각지에서 미모가 뛰어난 처녀와 기생을 뽑아 궐로 불러들였어. 이들 중에서도 특히 아름답고 노래와 춤을 잘 추는 여자들을 흥청이라고 했단다. 연산군은 나랏일을 돌보지 않고 흥청들과 방탕한 생활을 즐겼어. 그래서 흥청 때문에 나라가 망하게 생겼다는 의미로 흥청망청이란 말이 생겼지.

연산군은 폭군이라고 부르잖아요.

아이고, 똑똑이 우리 제나. 먼저 연산군 묘가 있는 방학동에 대해 알아볼까?

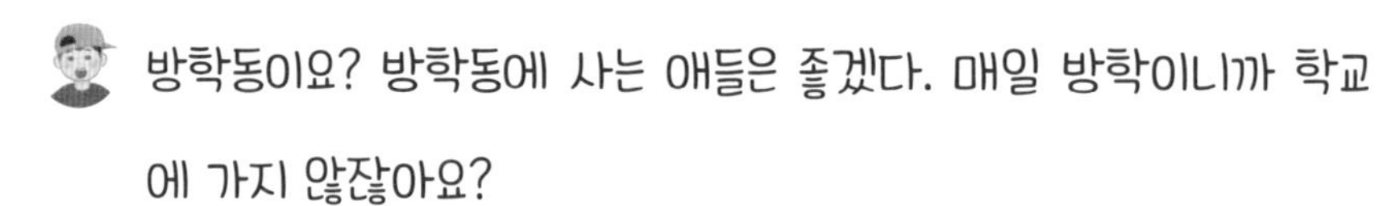

방학동이요? 방학동에 사는 애들은 좋겠다. 매일 방학이니까 학교에 가지 않잖아요?

풋, 방학동에 사는 애들은 맨날 방학이겠니?

방학동 이야기

방학동의 '방학'이라는 말은 학교의 개학이나 방학이 아니야. 방학동 땅 모양이 알을 품고 있는 학과 같다고 해서 붙여진 이름이지. 방학동에는 조선 10대 왕인 연산군과 연산군의 부인인 거창군 신 씨 묘가 있어. 또 세종 대왕의 딸 정의 공주와 남편 안맹담의 묘도 있단다. 아마도 방학동의 묫자리가 좋은가 보다.

제나가 말한 것처럼 연산군을 폭군이라 일컫지. 연산군은 무오사화, 갑자사화 등 두 차례의 사화를 일으켜 신하들을 마구 처형하다가 폐위되었어. 사화는 선비들이 정치적 반대파에게 몰려 죽음에 이르는 화를 입는 일이야.

연산군이 왕위에 올랐을 때 백성들의 생활은 매우 어려웠어. 그런데다 연산군의 사치와 놀이에 수많은 돈이 들어 나라 살림도 말이 아니었지. 결국 연산군은 폐위되어 강화도 교동에 유배되고 병을 앓다가 죽었어. 조선 시대에 왕위에서 쫓겨나 군으로 불리는 왕은 연산군과 광해군뿐이지.

방학동에 있는 연산군의 묘지는 다른 왕릉과는 많은 차이가 있어. 크기가 작고 몇 개의 석물밖에 아무 장식이 없어. 석물은 무덤 앞에 돌로 만들어 놓은 여러 가지 물건을 말해.

연산군 묘는 국가 사적이어서 개발에서 제외되어 현재의 모습을 유지하고 있어. 하지만 폭군이었기 때문에 역대 조선 왕조의 능과는 달리 능이 아닌 묘 지위를 갖고 있단다.

 능과 묘는 어떤 차이가 있나요?

 제나 잘 물었다. 능과 묘는 모두 무덤을 가리키는 말이지만 '능(릉)'은 왕과 왕비의 무덤을 가리키는 거야. 능은 웅장하고 화려하게 건설하며 죽은 왕의 권위를 상징하기 때문에 국가적인 의미를 갖고 있어. '묘(묘지)'는 그 외 왕족 및 일반 사람들이 묻히는 무덤을 가리키는 말이야. 규모가 작고 소박하게 만들어지지.

동대문구

동대문구는 신설동, 용두동, 제기동, 전농동, 답십리동, 장안동, 청량리동, 회기동, 휘경동, 이문동으로 이루어져 있어요. 예로부터 사대문 밖 첫 동네로 청량리역, 경동 시장을 중심으로 상업과 교통이 발달했어요. 원래 동대문(흥인지문)은 동대문구에 편입되어 있었는데 1975년에 종로구로 편입되었답니다.

 제나 제이야, 이다음에 크면 어떤 사람이 될래?

 저는 AI 개발자요.

 난 소방관!

 제나 제이 모두 좋은 꿈을 가졌구나. 동대문구 용두동에 꿈을 이뤄 주는 우물이 지금까지 있었다면 좋을 텐데.

 꿈을 이뤄 주는 우물이요?

 용두동에 지금은 큰 아파트 단지들이 들어서 있지만 예전에는 농경지가 있던 작은 마을이었어. 마을을 감싸 안은 뒷산은 마치 용이 꿈틀대며 금방 하늘로 오를 것 같이 보였지. 산의 모습이 용의 머리처럼 생겼다고 해서 이 마을을 용 용(龍) 자에 머리 두(頭) 자를 써 용두 마을이라고 불렀어. 전해 오는 이야기에 따르면 용은 물과 관련이 아주 많대. 그래서 용(龍) 자가 들어간 땅 이름이나 마을 이름은 그 근처에 우물이나 냇가가 있었다고 해.

 할아버지, 용두동 우물에 대한 이야기 빨리해 주세요. 어떤 우물인지 궁금해요.

 옛날 용두 마을의 찬 우물은 물맛이 기막히게 좋았다고 해. 이가 시릴 정도로 차고 꿀맛 같아서 이름이 나 있었대. 마을 사람들은 이 우물 물에 특별한 힘이 있다고 믿었어.

우아, 옛날이야기 시작이다!

용두동 이야기

조선 시대, 한양 밖 동쪽에서 한양으로 들어오는 사람들은 용두 마을의 찬 우물에서 목을 축였지. 이 물을 마시고 한양으로 들어가면 마음먹은 일이 모두 이루어진다는 소문이 전해 내려왔기 때문이야.

과거 시험이 있을 때 대개 무과(군인) 응시생은 숭례문(남대문)을 통해 성안으로 들어왔어. 문과 응시생은 흥인지문(동대문)으로 들어왔지. 흥인지문으로 들어와 용두 마을의 찬 우물물을 마시고 과거를 본 사람은 과거에 급제한다는 소문이 있었다고 해.

태조가 한양의 동교(현재의 제기동)에 농사의 신에게 풍년을 기원하며 제사를 지내는 선농단을 모셨지. 해마다 임금이 선농단에 가서 제사를 지내고 밭을 갈았어. 태조가 이 제사를 지내려고 선농단으로 가던 길에 용두 마을에 잠시 멈추었어.

"이 마을에 물맛 좋기로 소문난 우물이 있다는데 물 한 대접 마시고 가자.”

신하가 찬 우물의 물을 한 그릇 떠서 태조에게 올렸지.

“아아, 과연 용두 마을 물맛이 훌륭하구나.”

태조가 물을 마시고 난 순간이었어.

우우웅 하고 바람이 세차게 불더니 우물에서 용 두 마리가 갑자기 솟구쳐 나와 바람개비처럼 한 바퀴를 돌고 하늘로 올라갔어. 사람들은 모두 신기해하며 입을 쩍 벌리고 바라봤지. 태조는 얼른 예를 갖추어 절을 올렸다고 해.

용두 마을의 찬 우물은 날이 가물어도 물이 솟아 사람들의 목을 축여 주었다고 해. 하지만 아쉽게도 지금은 그 터와 이름만 전해지고 있어.

 그 우물에다 소원을 빌려고 했는데 꽝이잖아.

 이 할아버지도 아쉽구나. 하지만 제이 소원은 꽝이 아니다. 뭔지 몰라도 꼭 이루어질 게다.

동작구

동작구는 노량진동, 상도동, 상도1동, 본동, 흑석동, 동작동, 사당동, 대방동, 신대방동으로 이루어져 있어요. 노량진은 한국 최초의 철도인 경인선이 출발했던 곳으로 일찍부터 개발이 시작된 곳이었어요. 하지만 그 이후 발전이 더디다 2000년대부터 많은 정비 사업이 진행되어 발전하고 있어요.

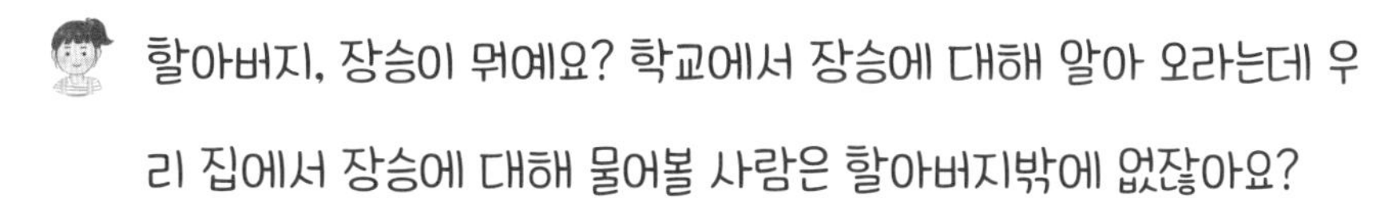

할아버지, 장승이 뭐예요? 학교에서 장승에 대해 알아 오라는데 우리 집에서 장승에 대해 물어볼 사람은 할아버지밖에 없잖아요?

그것참, 듣던 중 반가운 말이네. 이 할아버지가 힘이 나는데.

할아버지 힘이 나면 나도 힘이 나.

오래된 마을이나 절 입구, 길가에 사람의 얼굴을 새긴 기둥을 본 적 있니?

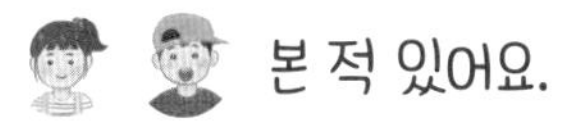

본 적 있어요.

장승은 지역 경계를 나타내거나 마을의 이정표 역할을 했어. 또 마을의 수호신 역할도 했지. 돌기둥이나 나무 기둥의 윗부분에 사람의 얼굴 모양을 새겨 돌로 만든 것은 석장승이라 하고, 나무로 만든 것은 목장승이라 해. 장승은 하나만 세우기도 하는데 주로 남녀 한 쌍을 세워. 장승은 생김새나 크기가 다양해. 장승은 신라 때부터 있었다고 해. 특히 무서운 전염병과 여러 귀신으로부터 사람들을 보호해 주고 소원을 비는 대상이었단다.

그럼 배기는 뭐예요?

제이가 잘 물었다. 어떤 것을 강조할 때 낱말 뒤에 '배기'를 붙이지. 네 살배기, 알짜배기 등 배기는 앞의 뜻을 더할 때 쓰인단다.

할아버지, 또 다른 이야기는 없어요?

 왜 없겠니? 장승배기 동네에 얽힌 오래된 이야기가 있지.

장승배기 이야기

장승배기는 동작구 상도동에서 노량진동에 걸쳐 있던 마을이야. 장승이 우뚝 버티고 서 있어서 마을 이름으로 부르게 되었지.

지금 생각하면 상상이 안 가지만 옛날에는 이 부근에 오두막집 한 채조차 없었다고 해. 인적이 뜸한 곳으로 울창한 나무와 어른 키만큼 자란 풀이 무성한 숲이었대. 밤이면 호랑이도 나왔다고 하지. 그래서 낮에도 이곳을 지나다니기 꺼렸다고 해.

조선의 제22대 왕이었던 정조는 뒤주에 갇혀 죽은 불쌍한 아버지 사도 세자의 죽음을 슬퍼하며 사도 세자의 묘소를 명당으로 알려진 수원 화산으로 옮기고 현륭원이라 이름 지었어. 현륭원 근처에 화성을 건설하고 정기적으로 행차해 성대한 행사도 열었단다.

사도 세자는 영조의 둘째 아들이자 정조의 아버지로 영조와의 갈등과 정치적 압박 속에서 비극적인 삶을 살았어요. 영조의 명으로 뒤주에 갇혀 8일 만에 숨을 거뒀답니다.

정조는 아버지 묘소인 현륭원에 가다가

장승배기 고개에서 쉬려고 가마를 잠시 멈췄어. 산새 울음소리, 바람에 흔들리는 나뭇잎 소리가 무섭게 들렸어. 정조는 임금님이 타는 가마인 어가에서 내려 신하들과 함께 둘러보며 생각했지.

'백성들이 이 고개를 무서움 없이 다닐 수는 없을까?'

정조는 골똘히 생각하다가 좋은 생각을 떠올렸어.

"여봐라, 백성들에게 안정감을 주고 길을 잃지 않도록 이곳에 장승을 세워라. 남자 장승을 '천하대장군'이라 이름 붙이고 여자 장승도 세워 '지하여장군'이라 하여라."

정조의 어명으로 장승배기에 두 개의 장승이 세워졌지. 장승 둘이 떡 버티고 서 있으니 백성들의 마음이 든든했어. 정조도 행차 때마다 마음을 푹 놓고 장승배기에서 쉬며 아버지 묘소에 갈 수 있었어. 그 뒤에 이 마을 이름이 장승배기로 굳어진 거란다.

마포구

마포구는 아현동, 공덕동, 신공덕동, 도화동, 용강동, 마포동, 대흥동, 염리동, 노고산동, 신수동, 현석동, 구수동, 창전동, 상수동, 하중동, 신정동, 당인동, 서교동, 동교동, 합정동, 망원동, 연남동, 성산동, 중동, 상암동, 서강동으로 이루어져 있어요. 홍대앞 거리, 신촌 거리 등 젊은 감각과 예술 문화의 꽃을 피우고 있답니다.

할아버지가 어렸을 때는 봄이면 복사골이 대단했지. 연분홍 산이 참 아름다웠어.

할아버지도 어렸을 때가 있었어요?

할아버지는 어렸을 때도 할아버지인 줄 알았니?

응.

할아버지, 복사골은 마포구 도화동뿐만 아니라 복숭아나무가 많은 마을이라는 뜻이죠?

그렇지. 복사가 복숭아의 준말이란다. '고향의 봄'을 쓴 이원수 선생님 고향도, 또 경기도 부천에도 복사골이 있지.

우리 아파트 단지도 복숭아나무가 많으면 좋겠어요.

대신 우리 아파트 단지는 벚꽃이 정말 예쁘잖아.

마포구 도화동에는 제이가 좋아하는 돼지갈비 가게도 많단다. 오늘은 도화동에 대해서 알아볼까?

도화동 이야기

마포구 도화동은 복숭아 도(桃) 자에 꽃 화(花) 자로, 복숭아꽃

마을이라는 뜻이란다. 오래전 복숭아나무가 있던 자리에는 이제 아파트가 우뚝 서 있지만 1914년 개통된 경원선이 생길 때만 해도 복숭아밭이었어. 경원선은 원래 서울과 북한의 원산을 잇는 철도였는데 현재는 일부 구간만 운행되고 있지.

도화동은 복숭아나무가 많아 봄이 되면 복숭아꽃이 흐드러지게 피었어. 게다가 살구꽃도 함께 피어 마을을 더 아름답게 했지. 살구꽃은 복숭아꽃과 거의 함께 핀다지. 꽃이 지면 복숭아와 살구가 주렁주렁 열렸어.

도화동이라는 마을 이름은 복사골에서 유래되었는데 여기에 딸을 그리워하는 아버지의 애틋한 이야기가 전설로 남아, 그 옛날 복사골의 경치를 떠올리게 한단다.

아주 오래전, 복사골에 마음씨 착한 할아버지가 살았단다. 할아버지는 홀로 외동딸을 키우며 살았지. 딸 얼굴이 복숭아꽃처럼 예뻐 도화 낭자라고 불렀어. 마을 사람들은 얼굴도 예쁘고 효심도 깊은 도화 낭자를 서로 며느리 삼고 싶어 했단다.

"이 사람아, 자네 딸 우리 집에 시집보내지?"

할아버지 친구들은 도화 낭자를 서로 자기 집에 시집보내라고 난리였어. 도화 낭자가 예쁘고 마음씨 곱다는 말은 온 장안에 퍼졌어. 그런데 세상에 이런 일이? 아, 글쎄 발 없는 말이 천 리가 아니라 하늘나라에까지 간 거야.

“저 아래 세상에 도화라는 낭자가 있다는데?”

“네, 그러하옵니다.”

“내 며느리를 삼고 싶은데 하늘로 데려오너라.”

옥황상제가 도화 낭자를 며느리로 삼겠다는 거야. 옥황상제는 도화 낭자를 데려오라고 신하를 내려보냈어.

딸이 옥황상제의 며느리가 된다니 기뻤지만 할아버지는 딸과 헤어져야 해서 무척 슬펐단다. 하늘로 올라가는 도화 낭자도 혼자 남을 아버지가 걱정이었어. 그래서 아버지를 위해 옥황상제가 준 복숭아 씨앗을 하나 남겼지.

할아버지는 하늘나라로 간 외동딸을 그리워하며 씨앗을 심고 정성껏 가꾸었어. 씨앗을 심고 얼마 뒤에 싹이 나고 움이 트고 무럭무럭 자라 꽃이 피었어. 복숭아가 가득 열려 마을을 풍요롭게 했지. 날이 갈수록 복숭아나무가 늘었어. 할아버지가 딸처럼 정성껏 가꾸고 키웠기 때문이야.

“오! 내 딸, 사랑하는 내 딸이 꽃으로 피어났구나.”

복숭아꽃을 아끼고 사랑하던 할아버지가 세상을 떠난 뒤에도 복숭아꽃은 봄마다 아름답게 피었어. 그래서 이 마을을 복사골이라 불리게 되었단다.

지금은 복숭아밭을 찾아보기 힘들지만 도화동의 복사꽃 어린이 공원에서 이 전설의 흔적을 느낄 수 있지.

서대문구

서대문구는 충정로2가, 충정로3가, 합동, 미근동, 냉천동, 천연동, 옥천동, 영천동, 현저동, 북아현동, 신촌동, 봉원동, 창천동, 연희동, 홍제동, 홍은동, 북가좌동, 남가좌동을 포함해요. 문화재와 역사적인 명소, 유서 깊은 대학 등이 밀집된 문화와 교육의 중심지로서 다양한 사업이 펼쳐지고 있어요.

할아버지, 고모할머니가 아현동에 사시잖아요. 그런데 할아버지와 할머니는 물론이고 나이가 많은 친척들은 고모할머니가 사는 아현동을 왜 '애고개'라고 해요?

애고개? 혹시 애기 고개?

제이 말이 맞았다. 애고개가 바로 아현동이야. 애고개가 변형되어 지금은 아현동에 애오개역이 있지.

할아버지, 아현동이 왜 애오개인지 궁금해요.

그럼 오늘은 고모할머니가 사는 아현동에 대해서 알아볼까?

어른 고개로 가지 말고, 애고개로 가요!

아현동 이야기

아현동이라는 이름은 애고개에서 비롯된 말이야. 주변에 있는 고개에 비해 높이가 낮고 작아 애기 고개라는 뜻에서 애고개로 불렸다는 설이 있지.

애고개에 대한 다른 이야기도 전해진단다. 조선 시대 한양 사대문(동쪽의 흥인지문, 서쪽의 돈의문, 남쪽의 숭례문, 북쪽의 숙정문) 사이에 작은 문인 사소문(동북쪽의 혜화문, 동남쪽의 광희문, 서남쪽의 소의문, 서북쪽의 창의문)이 있었어. 죽은 사람을 성 밖으로 내보낼 때는 주로 광희문과 소의문을 사용했지. 이들 문은 시신을 내보낸다고 해 시구문 또는 수구문이라고 불렀단다.

소의문 밖으로 만리재(만리동 고개)와 애고개(아현동 고개) 그리고 와우산에 시신을 묻었는데 애고개에는 아이들 시신을 많이 묻었다고 해. 그래서 애고개라 불렀다는 이야기도 있어.

사람들이 서울로 몰리면서 애고개에 집을 짓기 시작할 때야. 집을 짓느라 땅을 파면 군데군데 항아리에 넣은 아이 유골이 발견되기도 했어. 더러는 돌로 쌓아 올린 아이의 돌무덤인 아총이 발견되기도 했지.

아총은 다듬어진 돌을 차곡차곡 쌓은 게 아니라 돌멩이로 그냥 막 쌓은 거야. 천연두, 장티푸스, 콜레라 등의 전염병이 마을에 돌 때마다 면역력이 약한 아이들이 많이 죽었고 그때마다 무덤이나 아총을 만들어 묻었던 거야.

조선 초기, 전염병 환자와 가난한 환자를 치료하기 위해 서울의 동쪽과 서쪽 두 곳에 활인서라는 의료 기관을 설치했어. 동활인서는 혜화문 밖에, 서활인서는 소의문 밖에 설치되었지. 정확

한 위치는 알 수 없지만 관련 기록을 토대로 보면 서활인서가 있었던 곳은 아현동이 가장 유력하다고 해.

할아버지, 그럼 활인서가 병원이었네요. 그럼 혜민서랑은 어떻게 달라요?

우리 제나가 정말 똑똑하구나. 혜민서도 알고 있다니!

치, 누나는 맨날 똑똑한 척이야.

혜민서와 활인서는 조선 시대 백성들의 의료를 담당했던 기관이지만 몇 가지 차이점이 있단다. 혜민서는 현재 종로구 을지로 입구에 위치했던 관청으로 일반 백성의 질병을 치료하고 약재를 관리하며 의녀들을 양성했어. 주로 한양의 백성을 대상으로 했고 궁궐이나 관청의 의료도 지원했지.

활인서는 빈민을 치료, 구제하고 전염병이 발생하면 격리해 치료하던 곳이야. 무료로 음식과 의복, 약 등을 나눠 주기도 했단다. 활인서와 더불어 빈민, 노인, 노비 등 사회적 약자를 치료하던 제생원도 있었지만 세조 때 혜민서와 합쳐졌단다.

조선 시대의 왕실 의료 기관으로는 내의원이 있었어. 왕과 왕비를 비롯한 왕실 가족의 치료를 주 업무로 하는 의료 기관이었지. 또 그 외 왕실 및 고위 관리들의 진료를 담당했던 전의감이 있었단다. 전의감은 혜민서, 활인서 등 다른 의료 기관을 감독하고 지도하는 의료 기관이기도 했지.

서초구

서초구는 방배동, 양재동, 우면동, 원지동, 잠원동, 반포동, 서초동, 내곡동, 염곡동, 신원동을 포함하고 있어요. 원래는 강남구였다가 1988년 서초구로 분리되었어요. 서초는 서리풀에서 나온 말로 상서로운 풀, 즉 벼를 뜻한다고 해요. 서초동에서 나는 쌀을 임금님께 바쳤다는 기록이 전해진답니다.

할아버지, 양재동을 지나는데 양재 말죽거리라고 크게 써 있었어요. 양재동을 말죽거리라고 해요?

그래, 그렇게 부르는 까닭이 있지.

할아버지, 말이 죽을 먹어?

옛날에는 말이 먹는 여물을 푹 익혀 줘서 말죽이라고도 했어. 그렇다면 말죽거리란 말은 어떻게 나왔을까?

말이 죽을 먹는 거리니까 말죽거리지 뭐.

그래, 너 잘났다.

자, 싸우지들 말고 말죽거리에 대해 알아볼까?

말죽거리 이야기

말은 자동차가 없던 때 자동차를 대신하는 중요한 교통수단이었지. 옛날 관리들은 나랏일로 먼 길을 갈 때면 말을 타고 갔어.

하지만 말은 자동차처럼 기계로 만든 게 아니잖아. 그래서 아무리 잘 달리는 말이라도 오랫동안 계속 달릴 수는 없었지.

지친 말을 위해 길 중간중간에 말을 쉬게 하거나 바꾸어 주는 곳이 있었어. 이곳을 역참이라 했는데 역참에는 늘 기운 넘치는 말이 준비되어 있었지. 또 말을 돌보는 역졸들이 있어 지친 말을 돌보아 주고 새 말로 바꿔 주는 일을 했어.

역참에는 파발(문서를 전달하는 사람)을 두어 조정과 지방 간에 소통할 수 있도록 했단다. 이때 쓰이는 말이 파발마지. 파발은 조정과 빠른 연락이 필요해 설치한 역참을 부르는 다른 말이기도 해.

양재역은 조선 시대에 중요한 역참이었어. 양재역은 한양에서 충청도, 전라도, 경상도로 이어지는 삼남대로에 위치한 큰 역참으로 많은 사람들과 물자가 오가는 곳이었지. 양재역 주변에는 자연스럽게 말을 돌보고 말죽을 파는 곳들이 생겨났어. 이러한 곳들이 모여 말죽거리라고 불렀던 거야.

말죽거리에는 멀리 가는 관리나 여행객이 쉬어 갈 수 있는 주막도 있었지. 멀리서 온 여행객들은 주막에서 자기가 타고 온 말에게 말죽을 먹이고, 자신도 저녁을 먹으며 하룻밤을 묵었어.

말죽거리라는 이름에 관한 다른 이야기도 있어. 조선의 제16대 왕인 인조가 이괄의 난을 피해 남쪽으로 피난 가는 길이었어. 지금의 양재역쯤에 이른 인조는 목이 마르고 배가 고팠어. 이때 신하들이 팥죽을 쑤어 임금에게 바쳤지. 인조는 말 위에서 팥죽을

다 먹고 과천 쪽으로 갔다고 해. 그 뒤부터 '임금이 말 위에서 죽을 먹었다'라고 하여 말죽거리라 불렀다는 거야.

양재동은 아직도 경부 고속 도로의 시작점으로 서울과 지방을 연결하는 중요한 관문이야. 말죽거리라는 이름의 거리와 공원이 있어 양재역에 얽힌 역사를 느낄 수 있단다.

광해군을 폐위하고 왕위에 오른 인조는 자신을 도운 신하들에게 벼슬과 상을 내렸어요. 인조를 도왔던 이괄은 자신이 받은 벼슬과 상이 적다며 불만을 품었어요. 이괄의 불만이 계속 커지자 다른 신하들이 이괄이 반란을 꾀한다며 모함해 이괄은 벼슬이 낮아지게 되었어요. 그러자 이괄은 반란을 일으켜 인조는 수도를 떠나 공주로 피난했어요. 조선 역사상 왕이 수도를 버리고 피난한 몇 안 되는 사건 중 하나랍니다.

성동구

성동구는 상왕십리동, 하왕십리동, 홍익동, 도선동, 마장동, 사근동, 행당동, 응봉동, 금호동, 옥수동, 성수동, 송정동, 용답동으로 이루어져 있어요. 한양 도성의 동쪽에 있다고 해서 성동구가 되었어요. 청계천, 중랑천, 한강 등 서울에서 가장 긴 수변을 접하고 있는 물의 도시랍니다.

할아버지, 여름 방학도 했는데 아주 시원한 이야기해 주세요.

시원한 이야기라? 여름에 시원한 이야기라면 역시 물이겠지?

배를 타고 푸른 바다의 흰 물살 가르며 멀리 떠났으면 좋겠어요.

그럼 섬 얘기를 해 주지.

섬이요?

서울에 요술쟁이 섬이 있었단다.

섬이 요술을 부려요?

한번 들어 보렴. 서울시 성동구에 있는 뚝섬은 섬일까 아닐까? 물론 지금은 섬이 아니지.

뚝섬이니까 혹시 섬이었어요?

할아버지가 어렸을 때만 해도, 뚝섬은 섬이면서도 섬이 아닌 요술쟁이 섬이었어. 왜 그랬는지 들려주마.

뚝섬 이야기

서울에는 섬이었다가 강물에 돌과 흙을 묻어서 지금은 육지화된 곳이 몇 군데 있지. 그 가운데 가장 큰 곳이 여의도이고, 원래는 쓰레기를 묻는 매립지였지만 지금은 생태 공원이 된 난지도도 있단다. 철새들이 날아오는 한강의 밤섬은 아직까지 섬의 모습을 유지하고 있지.

뚝섬은 한강이 흘러 넘치면서 모래자갈과 진흙이 쌓이고 쌓여 이루어진 지역이었어. 지대가 낮아 한강에 홍수가 날 때마다 물길이 생겨 섬처럼 보였기에 섬이라고 했지. 그러다 1980년대 한강의 물길을 정비하고 제방을 쌓으면서 완전히 육지화되었어.

뚝섬은 땅이 편편하고 기름져 풀들이 잘 자랐어. 그래서 나라의 말을 기르던 큰 목장지가 있었어. 왕실 전용이나 군용, 혹은 역참에 필요한 말을 사육하는 목장이었지. 경마장이 경기도 과천으로 옮기기 전까지는 뚝섬에 경마장이 있었단다.

또 왕이 직접 나와 사냥을 하던 왕의 사냥터였고 군사 훈련장이기도 했어. '둑기'라는 큰 깃발을 세우고 군대의 상징이자 군신으로 여겨졌던 둑에 제사를 지내던 곳이라고 해서 '둑기를 꽂은 섬'이란 뜻으로 둑도로 불리다 현재의 뚝섬으로 부르게 된 것이지.

그뿐만이 아니야. 뚝섬은 땅이 좋아 한때는 임금님께 바치는 농산물을 기르기도 했고 왕가 소속의 별장인 낙천정과 화양정이 있는 곳이기도 했지. 그러다 뚝섬 유원지로 개발되어 현재는 뚝섬 한강 공원이 되었어.

지금은 경마장이 있던 자리에 서울 시민의 숲, 줄여서 서울숲이라고 부르는 공원이 만들어졌지. 서울숲은 한강과 중랑천이 어우러진 멋진 도시 속 숲속 공원이야.

성북구

성북구는 석관동, 장위동, 월곡동, 종암동, 안암동, 보문동, 삼선동, 동선동, 돈암동, 정릉동, 길음동, 성북동을 포함해요. 북서쪽에 북한산이 자리잡고 정릉천과 성북천이 흐르고 있으며 다양한 유적지와 문화재가 있어요. 또한 많은 외국 대사관저가 있는 흥미로운 지역이랍니다.

할아버지, 서울엔 고개가 많죠?

그럼, 고개나 언덕이 많았지. 서울역 뒤편의 만리재, 서대문구 현저동과 홍제동을 잇는 무악재, 신당동의 버티고개, 상계동의 당고개, 을지로의 구리개…….

고개가 진짜 많네요.

서울은 산이 감싸고 골짜기마다 하천이 흐르는 지형이었어. 이러한 특성 때문에 크고 작은 고개가 많았지.

그런데 그 많은 고개가 지금은 왜 없어졌어요?

길을 넓히고 개발하느라 고개를 많이 깎아 없어졌지.

노래에 나오는 미아리 고개도 있잖아요.

그렇지, '한 많은 미아리 고개'를 빼놓을 수 없지. 그럼 오늘은 미아리 고개에 대해 이야기해 주마.

돈암동 이야기

미아리 고개는 성북구 돈암동과 길음동 사이에 위치한 고개였어. 강북구 미아동으로 넘어가는 고개이기도 했지. 과거에는 되너미 고개라고 불렀는데 조선 시대에 의정부로 통하는 유일한 길목이어서 병자호란 때 청나라 군대가 이 고개를 넘어 침입했기 때문이야. 청나라 사람을 되놈이라고 불러 되놈들이 넘어온 고개라는 의미에서 되너미 고개가 되었지. 이를 한자로 옮겨 돈암현이라 하다 오늘날 돈암동이 된 거야.

그러다 일제 시대에는 미아리에 한국인만 묻히는 큰 공동묘지가 만들어졌어. 이 고개를 넘어 미아리 공동묘지에 묻히면 다시 돌아오지 못한다고 해서 이때부터 미아리 고개라고 불렀다고 해. 미아동에 있던 미아사라는 절에서 유래된 이름이라고도 전해진단다.

6·25 전쟁 당시에는 북한군이 미아리 고개를 따라 서울로 쳐들어오고 도망갔단다. 그러면서 서울의 많은 사람들을 강제로 끌고 갔지. 사랑하는 가족과 헤어지게 되어 창자가 끊어지듯 아프다는 「단장의 미아리 고개」라는 노래가 유행했고 '한 많은 미아리 고개'라는 노래 가사가 널리 퍼졌단다. 지금은 길을 넓히느라 고개를 깎아서 고개였다는 게 실감 나지 않지.

정릉동 송보살터에는 아주 재미있는 전설을 가진 거북 바위도 있단다.

먼 옛날 큰 거북이 서해에서 한강을 따라 헤엄쳐 올라와 엉금엉금 한양 거리를 마구 휘젓고 다녔어. 거북이 제멋대로 다니며 하도 난리를 쳐, 백성들과 군사들이 거북을 잡아 한강으로 보내려 했어. 그러나 거북은 하나도 무섭지 않은지 인왕산과 북한산으로 기어 다니며 아름다운 경치를 엉망으로 만들었어.

"이놈 보게."

이에 인왕산, 북한산, 도봉산의 세 산신령은 화가 나서 거북을 수락산으로 쫓아 버리려 했지. 산신령과 거북이는 피를 흘리며 죽기 살기로 끝까지 싸웠어.

"아하, 이것 봐라."

하늘에서 내려다보던 하느님은 이를 보다 못해 "거북아, 거북아, 바위가 되거라." 하고 거북이는 큰 바위로 만들고, 같이 싸운 산신령들은 단풍나무로 만들었어. 가을이 되면 거북 바위는 단풍에 둘러싸여 아름다운 경치를 이루게 되었고 신선들이 내려와 거북 바위 위에서 장기를 두며 놀았다고 해. 지금도 가을이면 거북 바위 일대의 단풍이 아주 장관이란다. 보고 싶지 않니?

송파구

송파구는 잠실동, 신천동, 풍납동, 송파동, 석촌동, 삼전동, 가락동, 문정동, 장지동, 방이동, 오금동, 거여동, 마천동을 포함해요. 송파는 소나무가 많은 언덕이라는 뜻이에요. 몽촌토성을 비롯한 역사 문화재와 롯데월드, 올림픽 공원, 석촌 호수 등 관광지가 많은 곳이랍니다.

할아버지, 저 멀리 높다랗게 삐죽 솟은 건물이 뭐예요?

롯데 월드 타워야.

집에서 먼데 여기서도 보이네.

제나 말이 맞다. 롯데 월드 타워가 아마 123층이라지?

우아, 롯데 월드 타워 정말 높구나. 한번 가 보고 싶다.

할아버지, 롯데 월드 타워가 잠실에 있죠?

원래는 신천동인데 신천동보다 잠실이 더 알려져 그냥 잠실 롯데 월드 타워라고 하지.

아 그렇구나. 그런데 잠실은 왜 잠실이에요?

잠실은 말 그대로 누에 잠(蠶) 자에 집 실(室) 자를 써 누에가 사는 방이란다. 그럼 오늘은 잠실에 대해 알아볼까?

잠실 이야기

조선 시대에는 누에를 치는 사업(양잠업)이 중요시되었어. 나라에서 잠실리를 설치해 뽕나무를 심고 누에를 길러 비단을 생산하도록 했단다. 한양에는 두 개의 잠실리가 있었어. 서대문구 연희동 쪽에 서잠실이 있고 송파구 잠실에 동잠실이 있었어. 두 잠실 모두 뽕나무 밭이 넓게 펼쳐져 있었고 그곳에 사는 백성들은 누에를 치며 생계를 유지했어. 실을 뽑아 나라에 바치면 그 정교함과 수량에 따라 상을 주거나 벌을 내리기도 했지.

누에는 본래 천충 즉 하늘이 내린 벌레라고 해서 거룩하고 성스럽게 여겼어. 털실로 만든 옷감이나 양털을 얻기 어려웠던 시절, 누에고치로부터 얻은 명주실은 아주 귀했단다.

잠실은 그때의 지명이 현재까지도 이어 온 셈이야. 잠실이 지금은 강남에 자리잡고 있지만 예전에는 한강의 북쪽인 자양동과 연결된 지역이었어. 그러다가 1520년 조선 중종 때 대홍수가 나면서 잠실 위쪽에 샛강이 생기게 된 거야.

새로 난 샛강을 신천(新川)이라고 불러 그 일대가 신천동이 되었지. 그 이후로는 잠실이 섬이 되어 잠실에 가려면 헤엄을 치거나 배를 타야 했단다.

한강은 잠실에서 두 갈래로 갈라졌단다. 위쪽은 신천강, 아래쪽은 송파강으로 불리었지. 그러다가 신천강은 그대로 두고, 송파강은 자갈로 메워 육지와 연결해 현재와 같은 잠실이 된 거야. 송파강을 조금 남겨 놓은 것이 바로 석촌 호수란다.

그럼 석촌 호수는 원래는 호수가 아니었네요?

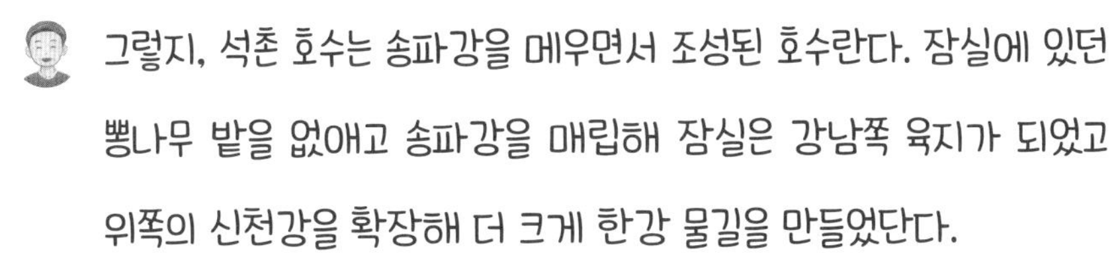
그렇지, 석촌 호수는 송파강을 메우면서 조성된 호수란다. 잠실에 있던 뽕나무 밭을 없애고 송파강을 매립해 잠실은 강남쪽 육지가 되었고 위쪽의 신천강을 확장해 더 크게 한강 물길을 만들었단다.

정말 신기해요!

양천구

양천구는 1988년 강서구에서 분리되어 생겨났어요. 신정동, 목동, 신월동으로 이루어져 있어요. 대부분이 주거 지역으로 아파트가 많고 주거 환경이 좋아요. 특히 목동은 특유의 조용하고 학구적인 분위기로 잘 알려져 있지요. 양천은 밝은 태양과 냇물이 흐르는 아름다운 고장이라는 뜻이에요.

 제나 제이는 '곰달래'라는 말을 들어 본 적이 있니?

 갑자기 웬 곰달래예요?

 곰 기르는 사육장이에요?

 곰달래 마을은 서울시 양천구 신월동에 있던 동네의 옛 이름이란다. 달빛이 맑고 곱게 비치는 마을이라는 뜻에서 유래해 고운 달 동네로 불리다 곰달래라고 불리게 되었다지. 옛 지도에는 고음월(古音月)로 표기되어 있는데 고음월이란 지명에 전해 오는 전설이 있지. 이야기 들을 준비됐니?

 저는 아까부터 준비하고 있었어요!

 저는 어제부터요!

신월동 이야기

신월동의 곰달래 마을에는 슬픈 사랑 이야기가 전해 온단다.

신월동이 백제 땅이었을 때야. 음소와 음월이라는 젊은 남녀가 살았지. 음소와 음월은 서로 사랑하는 사이였어. 우리나라는 고구려, 신라, 백제로 나뉘어 있었는데 신라의 힘이 날로 커져 백제를 위협했어. 이에 백제는 가만히 있을 수 없었지.

백제는 전국에 군사를 모집했어. 음소도 나라를 위해 전쟁터로 나갔어. 전쟁터에 가기 전 음소는 사랑하는 여인 음월에게 글을 남겼어.

동산에 둥근달이 떠오르면 백제가 이긴 것이니 그때는 나를 기다리시오. 달 없는 캄캄한 밤이 되면 백제가 싸움에 진 것이니 그때는 나를 잊고 다른 좋은 사람을 찾아 떠나시오.

음소가 전쟁터로 떠나고 신라와 백제의 싸움이 끝날 무렵이었어. 동산에 손톱만큼 작은 달이 떠오르다가 금방 커다란 둥근달이 되었어.

"음소가 살았구나."

음월은 기뻐하며 사랑하는 음소를 맞이할 준비를 했어.

그런데 이게 어떻게 된 일이야. 갑자기 먹구름이 몰려와 캄캄한 밤이 돼 버린 거야.

"아, 음소가 죽었구나."

캄캄한 밤하늘을 바라보며 음월은 산 위에 올라 스스로 몸을 던져 목숨을 끊었어. 그런데 먹구름이 지나가더니 다시 밝고 둥그런 달이 얼굴을 내미는 거야.

그리고 음소가 밤새 먼 길을 달려 도착했어.

"음월아……."

사랑하는 음월의 목숨은 이미 끊어진 상태였어. 음소는 산꼭대기 달이 떠오르는 곳에 음월을 묻고 슬프게 말했어.

"거친 세상 이제 끝이구나."

고(古)는 옛말에서 거칠다, 끝났다라는 뜻으로 쓰여. 고음월은 바로 음월이의 목숨이 끝났다는 뜻이지. 이것이 고음월이란 지명의 어원이 되었다고 해.

영등포구

영등포구는 영등포동, 여의도동, 당산동, 도림동, 문래동, 양화동, 신길동, 대림동, 양평동이 포함돼요. 영등포구는 우리나라 제1의 공업 지대인 경인 공업 지대의 핵심을 이룬 지역이에요. 특히 여의도는 정치, 금융, 언론의 중심지로 탈바꿈하여 한국의 맨해튼으로 비유되기도 해요.

 할아버지, 영등포가 서울의 관문이었다면서요?

 관문이 뭐야? 무슨 문이야?

 한양에 가려면 꼭 거쳐야 하는 중요한 문이니까 관문이지. 일제 강점기 때부터 영등포에는 맥주 공장, 방직 공장, 철 공장 등 공장이 많았지. 큰 공장은 대부분이 일본 것이어서 일본 사람들이 많이 살았어. 영등포란 명칭은 음력 2월 초하루부터 보름까지 여의도 샛강에서 영등굿을 지내던 데서 유래되었어. 바라는 것을 이곳에서 빌면 다 들어주는 명당으로 알려져 신령 령(靈) 자에 오를 등(登) 자로 불렸다고 해. 이 영등이 길 영(永) 자로 변해 지금의 영등(永登)이 되었고 물가 마을을 뜻하는 포(浦)가 합해져 영등포가 된 것이지.

 그럼 신길동은요?

 신길동에는 방학호진이라는 나루터가 있었어. 흰 모래사장과 소나무가 무성해 경치가 빼어나 학이 놀다 간다 하여 방학호진이었지.

 그런데 왜 신길동이라고 불러요?

 글쎄다. 아마도 신길동(新吉洞)은 마을이 늘 행복하고 새로운 일로 가득했으면 하는 마음에서 붙여진 게 아닐까? 신길동에 전해 오는 신비한 이야기가 있는데 궁금하니?

  네, 진짜 궁금해요!

신길동 이야기

신길동에 밤고지 고개가 있어. 과거에는 방학고지 고개라고 불리다 밤고지 고개가 되었지.

일제 강점기 때 신길동에 일본 사람들이 많이 살았어. 일본 사람 중 한 명이 죽어 일본인들이 장례를 치르려 상여를 메고 밤고지 고개를 올랐어. 상여는 사람의 시체를 묘지까지 실어 나르는 가마야.

"무슨 일이지?"

그런데 상여를 나르던 말이 밤고지 고개에서 꼼짝도 안 하는 거야. 말발굽이 땅에 철썩 들러붙은 듯 움직이지 않았어. 깜짝 놀란 일본 사람들은 밤고지 고개에 술을 붓고 엎드려 절을 하는 등 온갖 노력을 다했어.

마침내는 일본인 상주가 "그동안 저희가 괜히 동네 분들을 불편하게 해 미안합니다."라고 우리나라 사람들에게 잘못했다는 사과를 했어. 그러자 이틀 만에 겨우 말발굽이 떨어졌다고 해. 그런 일이 있고부터, 일본 사람들은 상을 당하면 밤고지 고개를 꺼려 옆길로 돌아갔다고 전해져.

여의도는 시대별로 각기 다른 역할을 해 왔단다. 조선 시대에는 뽕나무를 기르고 가축을 키웠고, 일제 강점기에는 비행장과 경마장으로 쓰였어. 1960년대부터는 정치와 금융의 중심지로 변했지. 현재 여의도에는 국회 의사당, 우리나라의 자본 시장을 주도하는 한국 거래소, KBS 방송국, 63빌딩 등 유명한 건물들이 많고 계속해서 개발되고 있단다.

용산구

용산구는 후암동, 용산동, 남영동, 청파동, 원효로동, 효창동, 용문동, 한강로동, 이촌동, 이태원동, 한남동, 서빙고동, 보광동으로 이루어져요. 미 8군 기지를 비롯해 많은 외국 공관과 문화원, 이태원 관광 특구 등이 있어 타 지역에 비해 외국인 거주자가 많은 지역이랍니다. 앞으로 많은 발전과 변화가 이루어질 지역이에요.

할아버지, 요즘에 친구들이 이태원에 자주 가더라고요. 오늘은 이태원에 대해 이야기해 주세요.

이태원은 서울에서 외국인이 가장 많고 외국 상품, 외국 문화가 번성한 곳이란다. 조선 시대에 이곳에 역원이 있었고 배나무가 많았다고 해서 배나무 리(梨) 자에 클 태(泰) 자를 써 이태원이라고 불렸다 전해져. 역원은 조선 시대에 국가에서 관리하던 여관이야.

그런데 왜 이태원에 외국인이 많을까요?

이태원은 한강의 물길이 닿는 교통의 요지였어. 이러한 위치적 특성 때문에 이태원은 외국군이 주둔하기에 좋은 장소였지. 주둔은 군대가 임무 수행을 위해 어떤 지역에 머무르는 거야. 그래서 임진왜란 때는 왜군이 주둔했고 6·25 전쟁 이후에는 미군이 주둔했지. 그래서 그런지 요즘도 이태원은 서울 속의 외국이 아닌가 해. 이태원 거리마다, 또 가게마다 외래어로 쓴 간판이 많지. 또 세계 여러 나라의 젊은이들도 많아.

나도 외국인처럼 노랗게 염색하고 싶다.

조금 더 크면 마음껏 하려므나. 그럼 이태원에 대한 이야기를 해 볼까?

이태원 이야기

이태원이라는 지명에는 또 다른 이야기가 있단다.

임진왜란 때 한양까지 쳐들어온 왜군은 이태원 근방에 있던 운종사라는 절에 들어갔어. 이 절에는 여자 스님들만 살았는데 왜군이 여자 스님들에게 못된 짓을 하고 얼마 동안 머무르다 절을 태워 버리고 떠났다고 해.

이때 왜군들에게 겁탈당한 여자 스님들이 왜군의 아이를 낳아 모여 살던 동네가 있었는데 이곳을 이태원(異胎圓)이라고 불렀다지. 아이의 출신이 조선인과는 다르다는 뜻이란다. 또 임진왜란 때 조선에 귀화한 왜군들이 모여 살았기 때문에 이타인(異他人)이라고 불려지다가 이태원이 되었다는 이야기도 있어.

그러다 효종 때 이곳에 배나무가 많다 하여 지금의 이태원으로 굳어지게 되었단다. 지금의 이태원은 경리단길, 해방촌 등과 함께 서울의 새로운 문화를 형성하는 명소가 되었지.

할아버지, 용산에는 효창 공원도 있잖아요?

그렇지, 효창 공원은 효창동 외에도 청파동, 마포구 공덕동과 신공덕동까지 품고 있는 큰 공원이야. 또 보통 공원과는 달리 조국의 독립을 위해 몸 바친 애국지사들의 유해를 모신 곳이기도 해. 효창 공원은 조선 정조의 큰아들로 세자 책봉까지 받았으나 5살 어린 나이에 죽은 문효 세자의 능이 있어 효창원이라고 불렀지.

1946년 윤봉길, 이봉창, 백정기 등의 유해 및 이동녕, 조성환, 차리석 등 임시 정부 주요 인물인 세 사람의 유해가, 1949년 7월에는 백범 김구의 유해가 이 공원 묘역에 안장되었어.

2002년 10월에는 백범 기념관이 건립되었고 원효대사 동상, 반공 투사 위령탑도 세워졌지.

반공 투사는 공산주의에 반대하고 자유민주주의를 수호하기 위해 싸운 사람들을 말해요.

이밖에도 용산에는 국립 중앙 박물관, 전쟁 기념관 등 역사와 문화를 체험할 수 있는 곳이 많단다.

은평구

은평구는 진관동, 갈현동, 구산동, 신사동, 수색동, 증산동, 응암동, 녹번동, 역촌동, 대조동, 불광동으로 이루어져 있어요. 은평구는 북한산을 중심으로 높고 낮은 산들이 평지를 둘러싸고 있어 농경 생활에 이롭고 군사적으로도 서울 외곽의 요충지가 되었던 곳이에요. 한옥 마을과 진관사 등 전통과 현대가 잘 어우러진 곳이랍니다.

 할아버지, 오늘은 서울 이야기 안 해 줘요?

 왜, 심심하니?

 아뇨, 서울에 대해 더 알고 싶어서요.

 역시 내 손녀답다. 이럴 줄 알고 다 준비해 뒀지.

 어디 이야기예요?

 은평구에 있는 진관사는 예로부터 서울의 4대 절로 뽑힌단다. 진관사는 왕위에 오르기 전 자신의 목숨을 구해 준 진관 스님의 은혜에 보답하기 위해 고려 현종이 지었다고 해. 진관동의 명칭도 진관사에서 유래되었지. 진관사에서 일제 강점기 때 항일 운동의 소중한 자료인 태극기와 여러 종류의 독립신문이 발견되기도 했단다.

 절에서요?

 그래, 어떻게 된 일인지 궁금하지 않니? 할아버지의 이야기를 한번 들어 보거라.

진관사 이야기

2009년 5월 26일, 북한산 자락에 있는 천년 고찰 진관사에 엄청난 일이 일어났어.

진관사의 부속 건물인 칠성각을 해체해 복원하던 중, 부처님의 상을 모셔 놓은 불단과 벽체 사이에서 낡은 천으로 싼 보따리가 나온 거야. 보따리를 싼 낡은 천은 가로 89㎝, 세로 70㎝, 태극의 직경이 32㎝인 태극기였어. 태극기는 오랜 세월이 지난 듯 색이 변하고, 왼쪽 윗부분이 불에 타 손상되어 있었어. 그렇지만 태극기 모양은 그대로였어. 이 태극기는 1942년 대한민국 임시 정부가 제정한 국기와 같았어. 특히 태극기는 보통 태극기가 아니라 일장기 위에 덧그려진 태극기였어. 일장기로 태극기를 만들어 강한 항일 정신을 표현한 것이지.

태극기가 감싸고 있던 종이 역시 엄청난 유물이었어. 당시 발간되었던 독립신문 등을 포함해 6종 21점의 유물이 발견되었지.

칠성각에 태극기를 숨겨 놓은 사람은 백초월 스님으로 추정하고 있어. 백초월 스님이 일제에 체포되기 직전 칠성각에 태극기와 독립신문 등을 숨겨 놓아 90년 동안 기적적으로 그 유물이 보존되었던 거야.

백초월 스님은 3·1 운동 이후 만해 한용운 스님과 함께 불교계의 독립운동을 이끌었던 대표적인 인물이야. 전국 사찰을 중심으로 독립운동 자금을 모금하고 독립운동 관련 문서를 배포했단다.

진관사 태극기는 데니 태극기, 김구 서명문 태극기와 함께 2021년 10월 25일 보물로 지정됐어.

데니 태극기는 고종의 외교 고문으로 왔던 미국인 데니가 보관하였던, 지금까지 남아 있는 가장 오래된 태극기야. 1981년 데니의 후손이 한국에 기증했지.

종로구

종로구는 평창동, 부암동, 청운효자동, 무악동, 교남동, 사직동, 종로동, 창신동, 숭인동, 이화동, 가회동, 혜화동, 삼청동으로 이루어져 있어요. 조선 시대부터 서울의 중심지였고 경복궁, 종묘를 비롯한 고궁이 모여 있어요. 북촌 한옥 마을, 인사동 등의 전통도 잘 보존되어 현대식 고층 빌딩과 공존하는 아름다운 곳이랍니다.

 할아버지, 정말 바위에 돌을 붙이고 빌면 아들을 낳나요?

 누가 그런 말도 안 되는 소리를 하니?

 텔레비전에서요.

 아아, 전설을 말하는구나. 종로구 부암동에 내려오는 전설에 부침 바위(붙임 바위)에 대한 이야기가 있지. 그럼 오늘은 아들을 낳게 해 준다던 전설의 바위 얘기를 해 줄까?

  좋아요!

부암동 이야기

부암동에는 표면에 벌집처럼 구멍이 뚫린 커다란 '부침 바위(붙임 바위)'가 있었어. 2미터가 넘는 커다란 바위였다고 해. 그 부침 바위가 있어 동네 이름이 부칠 부(付) 자에 바위 암(岩) 자를 써 부암동이 된 거야. 아들을 낳고 싶거나 잃어버린 아들을 찾고 싶은 여인이 부침 바위에 돌멩이를 붙이고 정성껏 기도를 드리면 이루어졌다고 전해지지. 자기 나이 수대로 돌을 문지르다가 손을 떼었을 때 돌이 바위에 붙으면 아들을 낳게 된다고 믿었대.

이 부침 바위에는 한 가지 전설이 전해지고 있어.

고려 시대, 몽골의 침입을 받았을 때야. 몽골군이 쳐들어오면 고려의 젊은이들은 하던 일을 던져 놓고 전쟁터에 나갔지. 나라를 지켜야 하니까.

마을에 결혼한 지 하루 지난 신혼부부가 있었어. 남편도 전쟁터로 나가야 했지.

신혼부부는 부둥켜안고 눈물을 흘렸어.

"여보, 기다리시오. 몽골군을 물리치고 곧 돌아오리다."

"저는 걱정 마시고 몸조심하세요."

남편은 무거운 발걸음을 떼어 전쟁터로 갔어. 아내는 마음이 찢어지는 것처럼 아팠지. 아내는 울면서 남편이 떠나가는 뒷모습을 지켜보았어.

아내는 매일 마을 뒷산의 바위로 올라갔지.

"신령님, 부디 제 남편이 무사히 돌아올 수 있도록 도와주세요. 비나이다, 비나이다."

아내는 돌로 바위를 두드리고 문지르면서 남편을 무사히 보내 달라고 밤낮으로 기도했어. 남편을 위한 기도는 하루도 빠짐없이 계속되었지. 바위에 커다란 구멍이 생길 정도였어.

그러던 어느 날, 돌이 바위에 붙었고 정말로 남편이 무사히 돌아왔어. 알고 보니, 아내의 이야기가 왕의 귀에까지 들어갔고 아내의 정성에 감동한 왕이 남편을 찾아 집으로 보내 주었던 거야.

그 이후로 아내가 기도한 신비로운 바위에 대한 이야기가 빠르게 퍼져 나갔어. 잃어버린 자식을 기다리거나 아이를 낳지 못하는 사람들이 와서 바위에 돌을 붙이며 빌기 시작했지. 그런 까닭에 부침 바위가 되었다고 해. 부침 바위는 도시 계획으로 길을 넓히면서 없어졌고 지금은 터만 남아 있단다.

부암동에는 흥선 대원군의 별장이었던 아름다운 석파정이 있고, 안평 대군의 별장인 무계 정사가 있던 터에 지은 무계원이 있어. 무계란 무릉도원 계곡을 줄인 말로, 무릉도원은 꿈에 그리던 이상향, 별천지를 뜻해.

흥선 대원군과 안평 대군에 대해 이야기해 주세요.

흥선 대원군은 고종의 아버지로 어린 나이에 왕위에 오른 아들을 대신해 나랏일을 살피고 외세의 통상 요구를

조선 시대, 영국과 프랑스 등과 같은 서양의 나라들이 나라 사이의 교류를 요구했어요. 이를 외세의 통상 요구라 해요. 이에 흥선 대원군은 조선의 정체성을 지켜야 한다며 서양과의 교류를 엄격히 막았답니다.

거부했던 인물로 알려져 있지.

안평 대군은 세종 대왕의 셋째 아들로 학문과 예술에 뛰어났다고 해. 특히 글씨가 아름다워 당대의 최고 명필로 꼽혔지. 하지만 어린 조카였던 단종을 몰아내고 세조가 된 형 수양 대군에 의해 죽임을 당한 비운의 인물이야.

종로구는 역사와 문화가 살아 숨쉬는 곳이야. 조선 시대의 궁궐과 종묘, 사직단 등 유적지가 즐비하고 인사동, 대학로 등 예술과 문화가 넘치며 북촌 한옥 마을, 광화문 광장, 청계천 등 국내외 관광객들이 즐겨 찾는 명소가 많단다.

중구

중구는 소공동, 명동, 장충동, 을지로동, 다산동, 청구동, 동화동, 중림동, 회현동, 필동, 광희동, 신당동, 약수동, 황학동으로 이루어져 있어요. 서울의 중심에 위치하며 경제, 문화, 교통의 요지예요. 남대문 전통 시장과 명동의 현대식 쇼핑몰이 복합적으로 형성되어 있고 특별한 명소도 많아요.

할아버지, 중구가 서울의 중심이죠?

그렇다고 할 수 있지. 지형적으로도 그렇지만 중구는 한국의 정치, 경제, 문화 중심지였단다. 국내 최고의 상업 및 금융 중심지 가운데 한 곳이지. 또 한국의 전통문화와 현대 문화가 어우러지는 곳으로, 번화한 도시 속에 한옥 마을이 자리 잡고 있어. 게다가 큰 백화점, 유명 브랜드 매장, 전통 시장 등 다양한 쇼핑 시설이 있지.

중구 하면 빼놓을 수 없는 곳이 을지로죠?

그렇지. 예전에는 을지로를 구리개, 동현, 운현, 구름재 등으로 불렀어. 길바닥이 황토 흙인 구리개는 비가 오면 땅이 아주 질었어. 이 구리개를 멀리서 보면 황토 흙이 마치 구리가 햇빛을 받아 반짝이는 것처럼 보여서 구리빛 나는 고개라 하여 구리개라 한 거야. 한자로 구리 동(銅) 자에 고개 현(峴) 자를 합해 동현이라고 썼지.

구리개라 한 것이 구름재라고도 불렸고 구름재를 한자로 바꿔 구름 운(雲) 자에 고개 현(峴) 자를 써 운현이라고도 불렀지. 광복 후 일제식 동네 이름을 우리말로 고칠 때 살수 대첩을 이끈 을지문덕 장군의 이름을 따서 을지로가 되었단다.

을지로도 변화가 많았네요.

그렇다고 볼 수 있지. 그럼 중구에 대해 얘기해 볼까?

을지로 이야기

조선 시대에는 을지로가 의료의 중심지였어. 백성들의 병을 치료하는 혜민서가 있어 약방이 발달했고, 우리나라 최초의 서양 의학 의료 기관인 제중원도 이곳에 있었지.

그뿐만 아니라 동의보감을 지은 허준도 명의로 이름을 떨치기 전에 이곳에 약방을 차렸다는 이야기가 있어.

하지만 조선 시대 말이 되자 약방의 중심지가 지금의 종로 4·5가로 옮겨 갔어. 서울 동대문에 더 가까웠기 때문에 지리적으로 지방에서 올라오는 약재를 빨리 구할 수 있다는 장점이 있었기 때문이야. 그러다 1960년대부터는 한약재 상가들이 서서히 청량리 경동 시장 내의 약령 시장 쪽으로 옮겨 갔어.

약령 시장은 점점 커지기 시작해 1980년대 들어 종로 4·5가를 완전히 누르고 말았어. 종로 4·5가 대로변에 늘어섰던 한의원과 한약방 자리를 지금은 대형 약국들이 메우고 있지.

혜민서 하면 의녀를 빼놓을 수 없어. 조선 시대 한의사는 모두 남자였어. 7세 이상이면 남녀가 함께하지 못했던 조선 시대에는 양반집의 부녀자를 진찰할 때 문을 열고 손목만 내밀어 맥을 짚었어.

또 궁중에서는 팔목에 실을 감고 진맥을 봤으니 진찰을 제대로 할 수 없었지. 그래서 의녀가 생긴 거야. 관비 중에서 똑똑한 여자를 뽑아 혜민서에서 교육했어. 의녀는 남자 의원이 직접 대면할 수 없는 왕비 등 왕실 여인들을 진맥하고 병세를 살피는 일을 했지. 드라마로 유명해진 대장금이 바로 의녀란다. 하지만 의녀들은 신분이 낮다 보니 약방 기생이라고 불리기도 했단다.

 할아버지, 남산 케이블카가 중구에 있죠?

 중구는 서울의 중심인 만큼 유명한 곳이 많지.

회현동에 위치한 남산에는 조선 시대 전통 가옥의 아름다움과 생활상을 엿볼 수 있는 한옥 마을이 있고 남산 아래에서 남산 정상까지 편리하게 이동할 수 있는 케이블카도 있어.

남산 서울 타워는 서울 시내를 360도로 바라볼 수 있는 전망대이면서 레스토랑, 카페 등 다양한 시설이 마련되어 있단다.

또 명동이 있지. 명동은 우리나라를 대표하는 쇼핑 거리란다. 그래서 관광객들에게 인기가 많지. 특히 일본과 중국 젊은이들이 많이 찾는 곳이지.

우리나라 보물 1호인 숭례문(남대문)도 있어. 그 외에도 덕수궁, 동대문 디자인 플라자, 서울 시청 등 다양한 볼거리와 즐길 거리가 있단다.

중랑구

중랑구는 면목동, 상봉동, 중화동, 묵동, 망우동, 신내동으로 이루어져 있어요. 용마산, 망우산, 봉화산 등 자연 녹지가 많은 주거 지역이자 경기 북부, 강원 지역으로 가는 관문으로써 교통 요충지랍니다. 지속적인 개발을 통해 새롭게 발전하고 있는 지역이에요.

오늘은 망우동에 대한 이야기를 해 줄까? 흔히 망우리라고 부르지. 누구 망우동에 대해 아는 사람?

무덤이 많은 곳이요?

그래, 제나가 그걸 어떻게 아니?

짝꿍 할머니 집이 망우동이라 이야기를 많이 들었어요.

망우동에 있는 망우 역사 문화 공원에는 나라를 위해 헌신한 한용운, 유관순, 방정환, 이중섭 등 60여 분이 잠들어 있단다. 그래서 짝꿍이 무덤이 많은 곳이라고 했나 보구나.

무덤이 많다니, 으스스할 것 같아요.

전혀 그렇지 않단다. 아주 넓은 공원으로 꾸며져서 산책하기에 참 좋다고 해. 그럼 오늘은 망우동의 이름에 관한 이야기를 해 주마.

망우동 이야기

고려 우왕 때 명나라가 고려 위쪽 지역인 철령 이북의 땅을 요구했어. 우왕과 최영은 명나라의 요구를 거부하고 요동

최영은 고려 후기의 충신이었어요. 공민왕과 우왕 시대에 걸쳐 뛰어난 리더십으로 고려를 지키려 했던 인물이자 뛰어난 명장이었답니다. 강직한 성품과 청렴결백한 인물로 잘 알려져 있어요.

지역을 정벌해 먼저 공격하자고 했어. 그래서 이성계를 중심으로 요동 정벌군을 조직해 출정시켰어. 그런데 요동 땅을 정벌하러 간 이성계가 갑자기 군대를 위화도에서 되돌려 개경으로 들어와 우왕을 폐위시키고 최영을 제거했어. 그렇게 이성계는 새 나라 조선을 세우고 정권을 잡았지.

이성계는 태조가 되어 고조선을 잇는다는 뜻으로 '조선'을 세웠어. 그리고 도읍을 한양으로 옮겼지.

이성계가 조선을 세울 때 내세운 정신은 첫째 명나라와 가까이 지내고, 둘째 유교를 받들고, 셋째 농업을 나라의 근본으로 삼는 것이었어. 이성계는 토지를 개혁해서 백성들에게 큰 지지를 얻었지. 그렇게 조선은 어느 정도 평안을 찾아갔어.

세월이 흘러 천하를 주름잡던 이성계도 나이를 먹었어.

'나도 한 줌의 흙이 되겠지. 죽어서도 잘 지내고 자손을 번성하게 하는 명당자리는 없을까?'

이성계는 무학 대사에게 묘로 쓸 좋은 자리를 알아보게 했지. 무학 대사가 찾은 곳은 경기도 구리시에 있는 동구릉 터였어.

'이 자리가 과연 좋은 명당일까?'

이성계는 여러 신하를 거느리고 직접 동구릉으로 가 동구릉 터를 샅샅이 훑어보았어.

“전하, 이곳이 정말 명당이옵니다.”

신하들이 입을 모아 아뢰었어.

모두 좋다고 하자 이성계도 기분이 좋았지.

‘내가 봐도 좋은 터로구나. 이곳이야말로 내가 누울 명당이야.’

이성계는 동구릉 터를 둘러보고 돌아오는 길에 어느 고개에서 가마를 멈추고 잠깐 쉬었어. 자리를 잡고 앉자 저 멀리 저녁노을이 붉게 피어올랐지.

‘나도 저 노을 따라 머지않아 이 세상을 떠나겠지?’

이성계는 자신이 묻힐 동구릉을 바라보며 그곳이 천하의 명당이라고 다시 한번 생각했어.

“아! 들어갈 자리를 마련해 놓으니 이제 내 근심을 잊을 수 있겠구나.”

이렇게 이성계가 잠시 쉬었던 고개 이름을 근심을 잊은 고개, 잊을 망(忘) 자에 근심 우(憂) 자를 써 ‘망우리’라고 부르게 되었다고 해.

자, 지금까지 서울에 대한 이야기 재미있었니? 만약 서울에 대해 더 궁금하다면 각 구의 홈페이지를 방문하거나 www.seoul.go.kr로 들어가서 서울의 역사를 더 살펴볼 수 있단다. 시간을 내어 서울을 한 바퀴 돌아보는 것도 좋은 방법이지.
서울 외에도 역사와 문화, 먹거리, 아름다운 풍경 등 대한민국 곳곳에는 즐길 거리가 많단다. 숨어 있는 곳을 찾아내어 방문해 보는 것도 뜻깊은 경험이 될 거야. 아름다운 대한민국을 즐기는 어린이가 되길 바랄게. 그럼 안녕!

말죽거리